从零开始学技术—建筑装饰装修工程系列

装饰装修木工

赵俊丽　主编

中国铁道出版社

2012年·北　京

内容提要

本书是按住房和城乡建设部、劳动和社会保障部发布的《职业技能标准》和《职业技能岗位鉴定规范》的内容，结合农民工实际情况，将农民工的理论知识和技能知识编成知识点的形式列出，系统地介绍了木门窗及细部工程、木工装修工程、装饰装修木工安全操作等。本书技术内容先进、实用性强，文字通俗易懂，语言生动，并辅以大量直观的图表，能满足不同文化层次的技术工人和读者的需要。

本书可作为建筑业农民工职业技能培训教材，也可供建筑工人自学以及高职、中职学生参考使用。

图书在版编目(CIP)数据

装饰装修木工/赵俊丽主编. —北京：中国铁道出版社，2012.6
(从零开始学技术. 建筑装饰装修工程系列)
ISBN 978-7-113-13770-0

Ⅰ.①装… Ⅱ.①赵… Ⅲ.①建筑装饰—工程装修—细木工—基本知识 Ⅳ.①TU759.5

中国版本图书馆 CIP 数据核字(2011)第 223959 号

书　　名：从零开始学技术—建筑装饰装修工程系列
　　　　　装饰装修木工
作　　者：赵俊丽

策划编辑：江新锡
责任编辑：曹艳芳　　　电话：010－51873017
助理编辑：胡娟娟
封面设计：郑春鹏
责任校对：孙　玫
责任印制：郭向伟

出版发行：中国铁道出版社(100054，北京市西城区右安门西街 8 号)
网　　址：http://www.tdpress.com
印　　刷：北京市燕鑫印刷有限公司
版　　次：2012 年 6 月第 1 版　2012 年 6 月第 1 次印刷
开　　本：850mm×1168mm　1/32　印张：3.5　字数：85 千
书　　号：ISBN 978-7-113-13770-0
定　　价：11.00 元

从零开始学技术丛书
编写委员会

前　言

随着我国经济建设飞速发展，城乡建设规模日益扩大，建筑施工队伍不断增加，建筑工程基层施工人员肩负着重要的施工职责，是他们依据图纸上的建筑线条和数据，一砖一瓦地建成实实在在的建筑空间，他们技术水平的高低，直接关系到工程项目施工的质量和效率，关系到建筑物的经济和社会效益，关系到使用者的生命和财产安全，关系到企业的信誉、前途和发展。

建筑业是吸纳农村劳动力转移就业的主要行业，是农民工的用工主体，也是示范工程的实施主体。按照党中央和国务院的部署，要加大农民工的培训力度。通过开展示范工程，让企业和农民工成为最直接的受益者。

丛书结合原建设部、劳动和社会保障部发布的《职业技能标准》和《职业技能岗位鉴定规范》，以实现全面提高建设领域职工队伍整体素质，加快培养具有熟练操作技能的技术工人，尤其是加快提高建筑业基层施工人员职业技能水平，保证建筑工程质量和安全，促进广大基层施工人员就业为目标，按照国家职业资格等级划分要求，结合农民工实际情况，具体以“职业资格五级（初级工）”、“职业资格四级（中级工）”和“职业资格三级（高级工）”为重点而编写，是专为建筑业基层施工人员“量身订制”的一套培训教材。

同时，本套教材不仅涵盖了先进、成熟、实用的建筑工程施工技术，还包括了现代新材料、新技术、新工艺和环境、职业健康安全、节能环保等方面的知识，力求做到技术内容先进、实用，文字通俗易懂，语言生动，并辅以大量直观的图表，能满足不同文化层次的技术工人和读者的需要。

本丛书在编写上充分考虑了施工人员的知识需求，形象具体地阐述施工的要点及基本方法，以使读者从理论知识和技能知识两方面掌握关键点。全面介绍了施工人员在施工现场所应具备的技术及其操作岗位的基本要求，使刚入行的施工人员与上岗“零距离”接口，尽快入门，尽快地从一个新手转变成为一个技术高手。

从零开始学技术丛书共分三大系列，包括：土建工程、建筑安装工程、建筑装饰装修工程。

土建工程系列包括：

《测量放线工》、《架子工》、《混凝土工》、《钢筋工》、《油漆工》、《砌筑工》、《建筑电工》、《防水工》、《木工》、《抹灰工》、《中小型建筑机械操作工》。

建筑安装工程系列包括：

《电焊工》、《工程电气设备安装调试工》、《管道工》、《安装起重工》、《通风工》。

建筑装饰装修工程系列包括：

《镶贴工》、《装饰装修木工》、《金属工》、《涂裱工》、《幕墙制作工》、《幕墙安装工》。

本丛书编写特点：

(1)丛书内容以读者的理论知识和技能知识为主线，通过将理论知识和技能知识分篇，再将知识点按照【技能要点】的编写手法，读者将能够清楚、明了地掌握所需要的知识点，操作技能有所提高。

(2)以图表形式为主。丛书文字内容尽量以表格形式表现为主，内容简洁、明了，便于读者掌握。书中附有读者应知应会的图形内容。

编者

2012年3月

目　录

第一章　木门窗及细部工程

第一节　木门窗工程

【技能要点1】木门窗的构造

(1)木门的构造

1)门的构造。门的结合构造即门的拼接方法，分为门框结合构造和六扇结合构造。

2)门框的构造。门框上冒头与门框边梃结合时，在上冒头做眼，在边梃上做榫，或做成插榫，若先立框后砌墙，则要在门框上冒头的两端各留出120 mm的走头，如图1—1所示。

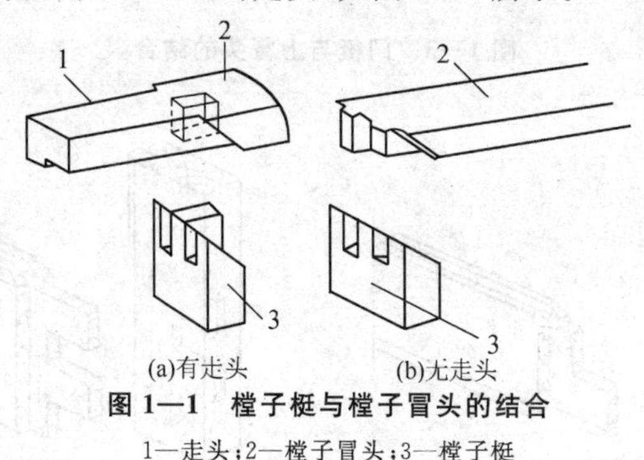

图1—1　樘子梃与樘子冒头的结合

1—走头；2—樘子冒头；3—樘子梃

中贯与樘子梃结合时，在梃上打眼，在中贯档的两头做榫，如图1—2所示。

3)门扇的构造。门扇梃与门窗上冒头结合时，同样在梃上打眼，在上冒头两头做榫，榫应在上冒头的下半部，如图1—3所示。

门扇梃与中冒头和下冒头结合时，均在门窗梃上打眼，在中冒头和下冒头的两头做榫，如图1—4、图1—5所示。但由于下冒头一般较宽，故常做成双榫，榫靠下冒头的下部。

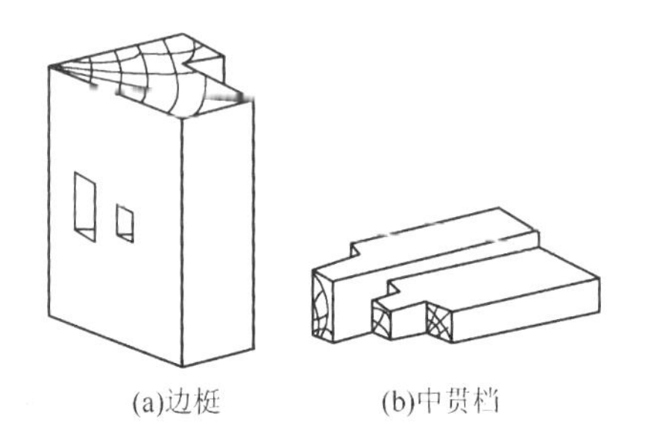

图 1—2　樘子梃与贯档的结合

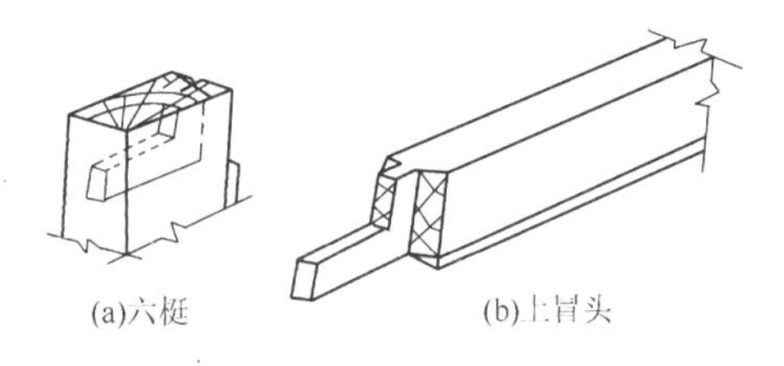

图 1—3　门梃与上冒头的结合

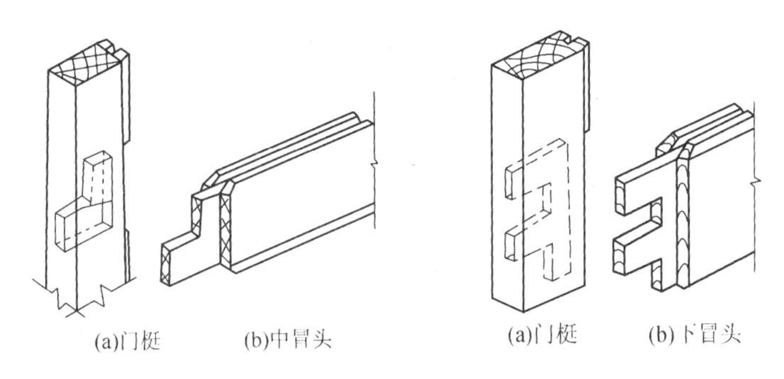

图 1—4　门梃与中冒头的结合　　**图 1—5　门梃与下冒头的结合**

门芯板与门梃、冒头的结合，在门梃和冒头上开槽，槽宽等于门芯板的厚度，槽深约为 15 mm，将门芯嵌入凹槽中，并使门芯板与槽底留 2～3 mm 空隙，作门芯板的膨胀余地。

(2)木窗

窗的构造如图1—6所示。木窗按使用要求可分为玻璃窗、百叶窗、纱窗等几种类型,按开关方式可分为固定窗、平开窗、悬窗、旋窗和推拉窗等,不同窗类型及特点见表1—1。

表1—1　不同窗类型及特点

窗型	(a)外平开	(b)内平开	(c)上悬	(d)下悬	(e)垂直推拉	(f)水平推拉
特点	构造简单,应用最为普遍,使用普通五金,便于安装纱窗		外开防雨好,受开启角度限制,通风效果较差	占室内空间,多用于特殊要求房间或室内高窗	不占室内空间,窗扇受力状态好,适宜安装较大玻璃,通风面积受限制,五金及安装较复杂	
窗型	(g)中悬	(h)立转	(i)固定	(j)白页	(k)滑轴	(l)折叠
特点	构造简单,通风效果好,多用于高侧窗	引风效果好,防雨及密闭性差,多用于低侧窗	构造简单,只起采光作用,密闭性好	通风效果好,用于需要通风或遮阳地区	安装磨砂玻璃可起遮阳作用,加工较复杂	全开启时通风效果好。视野开阔,需要特殊五金

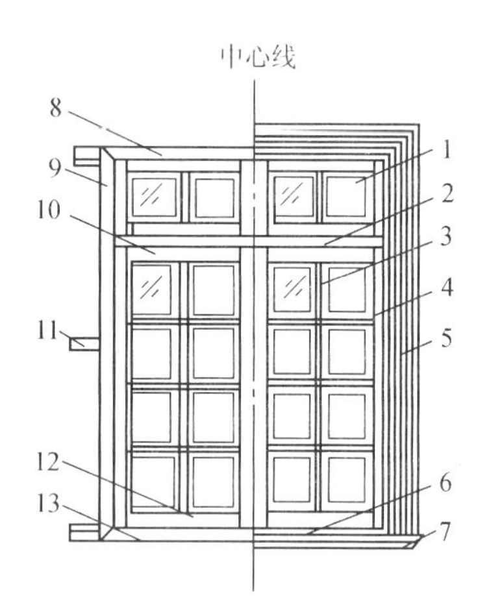

图 1—6 木窗各部分名称

1—亮子;2—中贯档;3—玻璃芯子;4—窗梃;
5—贴脸板;6—窗台板;7—窗盘线;
8—窗樘上冒头;9—窗樘边梃;10—上冒头;
11—木砖;12—下冒头;13—窗樘下冒头

【技能要点 2】木门窗的制作

木门窗的制作方法,见表 1—2。

表 1—2 木门窗的制作方法

项　目	内　容
放　样	放样就是按照图样将门窗各部件的详细尺寸足尺画在样棒上。样棒采用经过干燥的松木制作,双面刨光,厚度约 25 mm,宽度等于门窗框子梃的断面宽度,长度比门窗高度长 200 mm 左右。 放样步骤: (1)画出门窗的总高及总宽; (2)定出中贯档到门窗顶的距离; (3)根据各剖面详图依次画各部件的断面形状及相互关系。 样棒放好后,要经过仔细校核才能使用

续上表

项　目	内　容
配料与截料	(1)断面尺寸。手工单面刨光加大 1～1.5 mm，双面刨光加大 2～3 mm，机械加工时单面刨光加大 3 mm，双面刨光加大 5 mm。 (2)长度尺寸。门框冒头有走头者(即用先立方法，门窗上冒头需加长)，加长 240 mm；无走头者，加长 20 mm，窗框梃加长 10 mm，窗冒头及窗根加长 10 mm，窗梃加长 30～50 mm。配料时，应注意木料的缺陷，不要把节子留在开榫、打眼及起线的部位；木材小钝棱的边可作为截口边；不应采用腐朽、斜裂的木料
刨　料	刨料时宜将纹理清晰的材面作为正面。刨完后，应将同类型、同规格的框扇堆放在一起，上下对齐，每两个正面相合，框垛下面平整垫实
画　线	根据门窗的构造要求，在每根刨好的木料上画出榫头线、榫眼线等。 (1)榫眼。应注意榫眼与榫头大小配套问题。 (2)画线操作宜在画线架上进行。所有榫眼都要注明是全榫还是半榫，是全眼还是半眼
打　眼	为使榫眼结合紧密，打眼工序一定要与榫头相配合。先打全眼后打半眼，全眼要先打背面，凿到一半时翻转过来再打正面，直到凿透。眼的正面要留半条墨线，反面不留线，但比正面略宽。 打成的眼要方正，眼内要干净，眼的两端面中部略微隆起，这样榫头装进去就比较紧密
开榫与拉肩	开榫又称倒卯，就是按榫头纵向锯开。拉肩是锯掉榫头两边的肩头(横向)，通过开榫和拉肩操作就制成了榫头。锯成的榫头要方正、平直，榫眼应完整无损，不准有因拉肩而锯伤的榫头。榫头线要留半线，以备检查。半榫的长度应比半眼的深度少 2～3 mm
裁口与起线	裁口又称铲口、铲坞。即在木料棱角刨出边槽，供装玻璃用。裁口要刨得平直、深浅宽窄一致
拼　装	(1)拼装门窗框时，应先将中贯档与框子梃拼好，再装框子冒头，拼装门扇时应将一根门梃放平，把冒头逐个插上去，再将门芯板嵌装于冒头及门梃之间的凹槽内，但应注意使门芯板在冒头及门梃之间的凹槽底留出 1.5～2 mm 的间隙，最后将另一根门梃对眼装上去。

续上表

项　目	内　容
拼　装	(2)门窗拼装完毕后，最后用木楔(或竹楔)将榫头在榫眼中挤紧。加木楔时，应先用凿子在榫头上凿出一条缝槽，然后将木(竹)楔沾上胶敲入缝槽中。如在加楔时发现门窗不方正，应在敲楔时加以纠正
编　号	制作和经修整完毕的门窗框、扇要按不同型号写明编号，分别堆放，以便识别。需整齐叠放，堆垛下面要用垫木垫平实，应在室内堆放，防止受潮，需离地 30 cm

【技能要点 3】木门窗框、扇的安装

木门窗框、木门窗扇的安装见表 1—3。

表 1—3　木门窗框、木门窗扇的安装

项 目		内　容
木门窗框的安装	先立法	(1)当墙砌到地坪下一般在－0.06 m 处时，为防潮层面，即在防潮层上开始立门框。当墙砌到窗台时，开始立窗框。在立框前首先要检查门窗型号、门窗的开启方向，窗框还有立中、立内平、立外平，还应验收门窗框的质量，如有变形、裂纹、节疤、腐朽应剔除。 (2)立木门窗框。首先应用准备好的托线板检查垂直度，防止门框不垂直而形成自开门、自关门；其次要检查立木窗框的高度，方法是用线拉在皮数杆上，应使木框上的锯口线水平一致；如在长墙上可以先立首尾两个门框，中间门框可以按拉线逐个立，使门框里出外进及高度上均一致(过长的墙要注意线的挠度)；然后用钢皮尺复核门窗位置是否与图相符。 检验无误后，可用木条子钉在门或窗的两个边框上，一边与地面固结(称为塔头)，在地面用木桩打入土内然后与木桩钉牢。在楼板上可以与空心楼板吊钩处固结。 (3)先立口时，在门框两个边梃外侧应有燕尾榫，以便与带有燕尾的经防腐处理的木砖固定，一边若少于两个，较高的门(如 2 400 mm)应有三个木砖，窗一般是一边两个。 (4)立门窗框前，应在门窗框与砖、混凝土的接触面涂刷沥青或煤焦油进行防腐处理，在成批生产的细木车间应在运往工地前做好防腐处理。

续上表

<table>
<tr><th>项目</th><th colspan="2">内容</th></tr>
<tr><td rowspan="2">门窗框的安装</td><td>先立法</td><td>(5)为防止先立门窗框在施工时碰坏框,可在门梃两边三个面钉灰板条以作保护</td></tr>
<tr><td>后立法</td><td>(1)后立口时,门窗洞要按建筑平面图、正面图上的位置留出门窗洞口,清水墙每边比门窗框加宽 10 mm。混水墙比门窗框各边加宽 15 mm。
(2)后立口时,一般均在结构完成后再安装窗框。同时要检查开启方向、里出外进、高低及门窗框的垂直、水平等。
(3)后立门窗框。立放正直后,将钉子钉帽砸扁,从两边门窗框内侧向木砖方向钉入固定</td></tr>
<tr><td>木门窗扇的安装</td><td colspan="2">(1)安装木门窗扇时,要检查框扇的质量及尺寸,如发现框子偏歪或扇扭翘,应及时修正。
(2)安装时,要量好框口净尺寸,考虑风缝的大小,再在扇上确定所需高度和宽度,然后进行修刨。修刨时,先将门窗扇梃的余头锯掉。对扇的下冒头边略微修刨。再修刨上冒头。门窗扇梃两边要同时修刨,不要只刨一边的梃,双扇门窗要对口后,再决定修刨两边的边梃。
(3)如发现门窗扇高度上的短缺时,应将上冒头修刨后测量出补钉板条的厚度。把板条按需刨光,钉于框的下冒头下面,这时门窗扇梃下端余头要留下,与板条面一起修刨平齐。不要先锯余头,再补钉板条。
(4)如发现门窗扇宽度短缺时,则应将门窗框扇修刨后,在装铰链一边的梃上钉木条。
(5)为了开关方便,平开窗下冒头底边可刨成斜面,倾角约 3°～5°,如为中悬窗扇,则上下冒头与框接触处均应刨成斜面,倾角以开启时能保持一定的风缝为准。
(6)为了使三扇窗的中间固定扇,与两旁活动扇统一整齐,宜在其上下留头边棱处刨个凹槽,凹槽宽度与风缝宽度相等。
(7)门窗风缝的留设。考虑到门扇使用日久会有下垂现象,初装时应使风缝宽窄不一致。对于扇的上冒头与框之间的风缝,从装铰链的一边向摇开边逐渐收小,对门窗梃与框之间的风缝则应从上向下逐渐放大。使用日久,风缝则可形成一致。
(8)风缝的留设,主要是为了使门窗扇开关方便。防止油漆涂料被磨掉;另外,也为外开门窗扇受淋潮湿后所产生的小量膨胀留有余量。</td></tr>
</table>

续上表

项 目	内 容
木门窗扇的安装	(9)风缝大小一般为：门窗的对口处及扇与框之间应留 1.5～2.5 mm；但工业厂房双扇大门扇的对口处，应留 25 mm。门扇与地面之间应留空隙为：外门 4～5 mm，内门 6～8 mm。卫生间的门 10～12 mm，工业用房大门 10～20 mm。 (10)安装门窗时，应先将窗扇试装于框口中，用木楔垫在下冒头下面的缝并楔紧，看看四周风缝大小是否合适，双扇门窗还要看看两扇的冒头或窗棂是否对齐和呈水平状态，认为合适后在门窗及框上画出铰链位置线，取下门窗扇，装钉五金，进行安装

【技能要点 4】木门框五金的安装

(1)装铰链

1)一般木门窗铰链的位置距扇上下边的距离约为 1/10，但应错开双下冒头。

2)安装铰链时，在门扇梃上凿凹槽，其深度应略比合页板厚度大一点，使合页板装入后不致突出，根据风缝大小，凹槽深度应有所不同，如果风缝较小，则凹槽深度应偏大；如果风缝较大则凹槽深度应偏小。凹槽凿好后，将铰链页板装入，并使转轴紧靠扇边棱，用木螺钉上紧。在上木螺钉时，不得用锤子依次打入，应先打入 1/3 再拧入。然后将门扇试装入框口内，上下铰链处先各拧入一只木螺钉后，检查门扇的四周风缝的大小，如果不合适，要退出木螺钉修凿凹槽。经检查无误后再将其余木螺钉逐个拧入上紧。

3)门窗扇安装妥后，要试开。不能产生自开或自关现象，应以开到哪里就停到哪里为佳。

(2)装拉手

1)门窗拉手应在上框之前装设。拉手的位置应在门窗扇中线以下。门拉手一般距地面 0.8～1.2 m。窗拉手一般距地面 1.5～1.6 m。拉手距扇边应不少于 40 mm。当门上有弹簧锁时，拉手宜在锁位之上。

2)同规格门窗上的拉手应装得位置一致，高低一样。如门窗扇内外两面都有拉手,则应使内外拉手错开,以免两面木螺钉相碰。

3)装拉手时,应先在扇上画出拉手位置线。将拉手平放于扇上。然后上对角线的两只木螺钉。再逐个拧入其他木螺钉。

(3)装插销

插销有竖装和横装两种。

1)竖装时。先将插销底板靠近门窗梃的顶或底,用木螺钉固定。使插棍未伸出时不冒出来。然后关上门窗扇。将插销鼻放入插棍伸出的位置上,位置对好后,随即凿出孔槽,放入插销鼻,并用木螺钉固定。

2)横装插销装法与上述方法相同。只是先把插棍伸出,将插销鼻扣住插棍后,再用木螺钉固定。

(4)装门锁

门锁种类非常繁杂,以内开门装弹子锁为例。

1)门锁都有安装图,装锁前应看好说明,将包装内的图折线对准门扇的阳角安锁的位置贴好,先在门扇安装锁的部位用钻头钻孔(锁身、锁舌孔)。

2)安装时,应先装锁身。把锁头套上锁圈穿入孔洞内,将三眼板套入锁芯。端正锁位(把商标摆正),用长脚螺钉将三眼板(即锁身)和锁头互相拴紧定位。再将锁身紧贴于门梃上。与锁芯插入锁身的孔眼中。用钥匙试开,看其锁舌伸出或缩进是否灵活,然后用水螺钉将锁身固定在门上。

3)按锁舌伸出位置在框上画出舌壳位置线。依线凿出凹槽,用木螺钉把锁舌壳固定在框上。锁壳安装时应比锁身稍低些,以锁舌能自由伸入或退出即可。这样,门扇日久下垂后,锁身与锁壳就能平齐。

4)安装时,锁身和锁壳应缩进门0.5～1 mm。这样可使门开关灵活。而且一旦门关不上时,也可刨削门扇边梃。

5)外开门装弹子锁时,应先将锁身拆开,把锁舌翻身,重新装好,按内开门装锁方法进行安装。安外开门锁时,原有舌壳不能用，应另配一个锁舌折角，把折角往门框上安装时，折角表面应与门框面齐平或略微凹进一点。

【技能要点5】复杂门窗的制作

(1)夹板门扇的制作

1)木骨架的制作。

木骨架由两根立梃、上下冒头和数根中冒头及锁木等组成。中冒头断面较小，间距120～150 mm。

①立梃的制作程序：截配毛料→基准面刨光→另两面刨光→划线→打眼→半成品堆放。

②中冒头的制作程序：截配毛料→基准面刨光→另两面刨光→划线→开榫→半成品堆放。

③上下冒头的加工程序：截配毛料→基准面刨光→另两面刨光→划线→开榫→半成品堆放。锁木用梃子的短头料配制。

上下冒头及中冒头开榫时开出飞肩，框架组装后飞肩可起通气孔的作用。如不作飞肩，各冒头上必须钻通气孔。

上面是榫眼结合时各部件的加工程序，如用U形钉组框，则可省去打眼开榫以后的工序，只须截齐就可以了。

2)木骨架的组装。

榫眼结合的木骨架组装方法：将梃子平放在平地上，眼内施胶；冒头榫上沾胶一个个敲入梃眼内；将各冒头另一端施胶，另一根梃子眼内施胶；拿着梃子从一端开始，把冒榫一个个插入梃眼内；拿一木块垫在梃子上，将榫眼逐个敲紧，校方校平后堆放一边待用。

U形钉结合木骨架组装时，必须做一胎具，将部件放在胎具上挤严后，用气钉枪骑缝钉钉，每一接缝处最少钉两个U形钉。钉完一面，翻转180°将另一面钉牢。

锁木放在骨架的指定位置，用胶或钉子牵牢于两立梃上。

一般每平方米夹板门扇用胶0.4～0.8 kg，胶合板因表面比较平滑，用胶量较少。而纤维板因背面有网纹，用胶量稍多一些。可根据工作量配置胶液。

胶合板的分类及规格

(1)胶合板的分类

一般按耐气候、耐水、耐潮来分类。

1)Ⅰ类，耐气候、耐沸水胶合板：这类胶合板是用酚醛树脂胶或其他性能相当的胶黏剂黏合而成的，具有耐久、耐煮沸(或蒸汽)、耐干热和抗菌等性能，可在室外使用。但其价格较高，非室外或蒸汽房等处不用。

2)Ⅱ类，耐水胶合板：这类胶合板使用脲醛树脂胶等胶黏剂黏合而成，能在冷水中浸泡和经受短时间的热水浸泡，有抗菌性能，但不耐沸水，在热源蒸汽房、锅炉房等处禁用。

3)Ⅲ类，耐潮胶合板：这类胶合板是用血胶和带有多量填料的脲醛树脂等胶黏剂制成的，能耐短期的冷水浸泡，适合室内常温状态下使用，市场上大量供应的基本上属此类。

(2)胶台板的规格

1)厚度：厚度与层数有关，三层厚度为 2.5～6 mm；五层厚度为 5～12 mm；七～九层厚度为 7～19 mm，十一层厚度为11～30 mm。

2)幅面尺寸：幅面尺寸见表 1—4。

表 1—4　胶合板幅面尺寸(单位：mm)

厚　度	宽×长
2.5,3,3.5,4.5,5, 自 5 mm 起按 1 mm 递增	915×915 915×1 830 915×2 135 1 220×1 220 1 220×1 830 1 220×2 135 1 220×2 440 1 525×1 525 1 525×1 830

3)刨边包边。

胶合好的夹板门扇在刨边机上或人工刨边后，用木条涂胶从四边包严。因考虑搬运碰撞，木骨架已留有5 mm左右的刨光余量，刨削时两边要刨平行，相邻边要互相垂直。

包条一般比门扇厚度大1～2 mm。钉钉时，要将钉帽砸扁，顺木纹钉钉，并用钉冲将钉帽冲入木条里1～2 mm。钉子不要钉成一条直线，应交错钉钉。包条在门扇上角应45°割角交接，下端对接即可，接缝应保持严密。包条钉好后，将门扇放在工作台上，将包条与覆面板刨平。为防止人造板吸湿变形，门扇作好后应立即刷上一层清油保护。

4)覆面板胶合。

骨架作好后，按比骨架宽5 mm配好两面的覆面板材。

在骨架或板面上涂胶后，将骨架与覆面板组合在一起，四角以钉牵住。夹板门扇的胶合有冷压和热压两种方式。热压是将门扇板坯放入热压板内，以0.5～1 MPa的压力和110 ℃的温度，热压10 min左右，卸下平放24 h后即可进入下道工序加工。冷压是把门扇板坯放入冷压机内，或自制冷压设备内，24 h后卸下即已基本胶合牢固。

胶合用的白乳胶(聚醋酸乙烯酯乳胶)若冬季变稠，可适当加点温水搅拌均匀后使用。在严寒地区，也可将胶加热变稀后使用。

胶合用脲醛树脂胶，使用前须加固化剂。固化剂为氯化铵。先将固体氯化铵配成20%浓度的溶液，然后按表1—5的配方在脲醛树脂里加入适量的氯化铵溶液，搅拌均匀后使用。因加了固化剂的脲醛树脂胶的活性时间只有2～4 h，所以要按照需要现配现用，以免造成浪费。

表1—5 不同室温下氯化铵溶液用量

脲醛树脂(kg)	操作室温度(℃)	氯化铵溶液用量(mL)	备　注
1	10～15	14～16	氯化铵溶液浓度为20%
1	15～20	10～14	
1	20～30	7～10	
1	30以上	3～7	

(2)镶板门扇制作

1)镶板门扇部件制作。

图1—7为镶板门扇梃和冒头的榫眼结合情况。其加工程序如下:

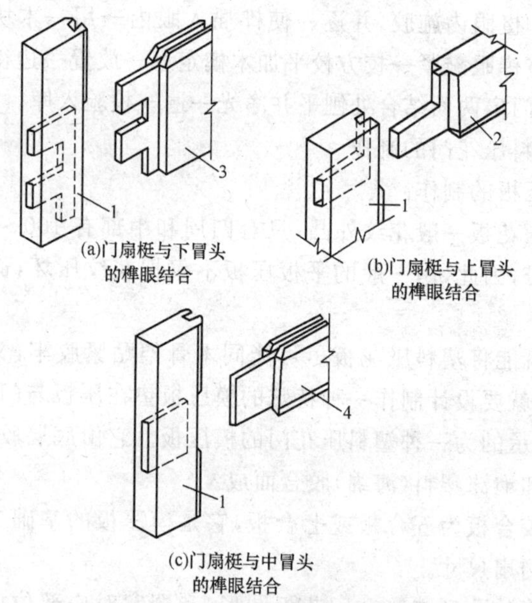

图1—7　镶板门扇榫眼结合情况

1—门扇梃;2—门扇上冒头;3—门扇下冒头;4—门扇中冒头

①门扇梃的加工程序:截配毛料→基准面刨光→另两面刨光→划线→打眼→开槽起线→半成品堆放。

②门扇上、下冒头的加工程序:截配毛料→基准面刨光→另两面刨光→划线→开榫→榫头锯截→开槽起线→半成品堆放。

③门扇中冒头的加工程序:截配毛料→基准面刨光→另两面刨光→划线→开榫→开槽起线→半成品堆放。

④门芯板配置:如用实木作镶板,应先配毛板;毛板两小面刨直、刨光;胶拼;两面刨光;锯成规格板,并将四周刨成一定锥度;最后刨光(净光)或砂光待用。如用人造板作镶板,可先将人造板胶合成一定厚度,再锯成规格板,将四周刨成一定的锥度。

2）镶板门扇的组装。

镶板门扇各部件备齐后即可组装。组装的程序是：将门扇梃平放在地上，眼内施胶→将门肩的冒头（上、中、下）一端榫头施胶插入梃眼里→将门芯板从冒头槽里逐块插入并敲进门梃槽内→在门冒榫头和梃眼内施胶，并逐一使榫插入眼内→用一木块垫在门梃上逐一将榫眼敲紧→校方校平加木楔定型→放置一边待胶基本固化后，将门扇两面结合处刨平并净光一遍→检验入库。

（3）塑料压花门的制作

1）模压板的制作。

塑料压花板一般花纹外凸，只有四周和中部有 100～150 mm 的平面板带，因此，用一般的平板压板不仅把花纹压坏，而且胶粘也不牢固。

为了既能将塑料压花板尽可能同木骨架贴紧胶牢，又不压坏花纹图案，就要设计制作一种特殊的模压板垫在压板与门扇之间。图 1—8 所示的为一种塑料压花门的模压板。它由底层胶合板、挖孔胶合板和泡沫塑料（海绵）胶合而成。

底层胶合板为五合板或七合板，它是模压板的基础。幅面略大于压花门扇尺寸。

挖孔板的孔型应符合压花板图形，和图案对应部位挖空。挖孔板用多层胶合板胶合而成，它的厚度应等于花纹板花纹凸出量。

泡沫塑料按挖孔板挖孔尺寸裁剪，其自由厚度（无压力情况下）应等于挖孔板的总厚度。

模压板的制作程序：锯配底板和挖孔板→底板划线→涂胶→粘贴挖孔板→裁剪和粘贴泡沫塑料→停放 24 h 待胶固化后即可使用。粘贴用胶一般为聚醋酸乙烯酯乳胶。

2）压花门扇胶合。

塑料压花门的胶合一般采用冷压胶合法。先将木骨架同覆面花纹板组合在一起，再放到冷压设备中压合。

①组坯。塑料压花门两面粘贴压花板。可在骨架上或压花板的内表面涂胶后组坯。

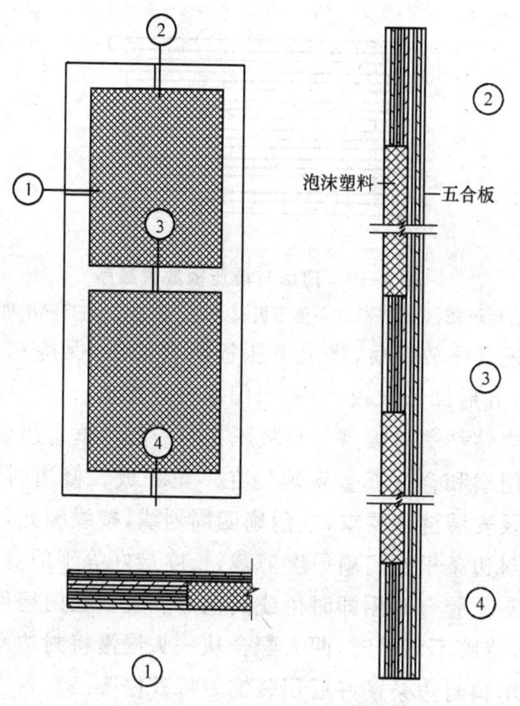

图1—8　塑料压花门模压板

如在骨架上涂胶，将骨架放在平台上，涂胶后扣上一块压花板，摆正后四角以钉牵住。翻转180°，在骨架另一面涂胶，扣上另一块压花板，摆正后四角以钉牵牢。

如采用板面施胶方法，将骨架放在平台上，在花纹板里面刷胶后翻扣在骨架上，摆正后四角以钉牵牢。翻转180°放好，再将另一块刷好胶的花纹板翻扣到骨架上，摆正后四角以钉牵牢。

②胶合。塑料压花门冷压胶合时，门板与模压板的放置顺序，如图1—9所示。

其放置顺序：压机底板→模板（泡沫朝上）→门扇坯→模板（泡沫朝下）→模板（泡沫朝上）→门扇坯→模板（泡沫朝下）→模板（泡沫朝上）→门扇坯→模板（泡沫朝下）→压机上压板。

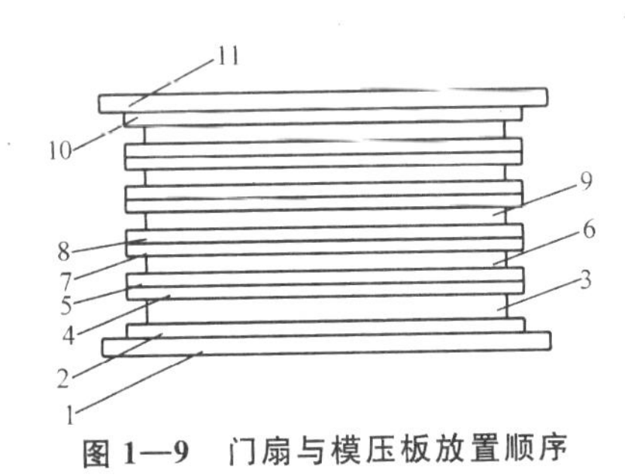

图 1—9　门扇与模压板放置顺序

1—压机底板；2、4、5、7、8、10—模压板；3、6、9—压花门扇；11—压机上压板

按上述顺序放好后，将上下压板闭合加压，保持 0.5～1 MPa 的压力，24 h 后卸压取板，模板与门扇分开堆放。

③修边粘贴塑料板条。塑料压花门一般为框扇组装后一起出厂。因此门扇和合页五金安装均在厂里完成。修边时，根据门框内口尺寸及安装缝隙要求，在门扇四周划线，按线刨光，边刨边试。

塑料封边条根据门扇厚度剪裁，长度最好等于门宽或门高，中间不要接头。胶合时用即时得或其他万能胶。在门扇四边及塑料条上涂胶，待胶不粘手时，两人配合从一头慢慢将封边塑料条与门边贴合。塑料封边条贴好后用装饰刀将其修齐。

3)框扇组合。

按照施工质量验收规范要求装好合页五金。装时注意保护门扇塑料花纹，不要破坏板面及封边条。

成品门要加保护装置，以防搬运时碰伤门扇表面。

(4)双层窗框制作

双层窗框在制作时要知道双层窗框料的宽度，先要知道玻璃窗扇的厚度尺寸、中腰档尺寸，还有纱窗扇厚度尺寸，框料宽度为 95 mm 左右，厚度不少于 50 mm，具体尺寸还要根据材料的大小来确定，如图 1—10 所示。

1)画线时应该先画出一根样板料。在样板料上先画出扫脚线、中腰档和窗扇高度尺寸，还有横中档、腰头窗扇和榫位尺寸。

2)如果大批量画线，可以用两根方料斜搭在墙上，在料的下段各钉 1 只螳螂子，然后在上下各放 1 根样板，中间放 10 多根白料，经搭放后，用丁字尺照样画下来，经画线后再凿眼、锯榫、割角和裁口。

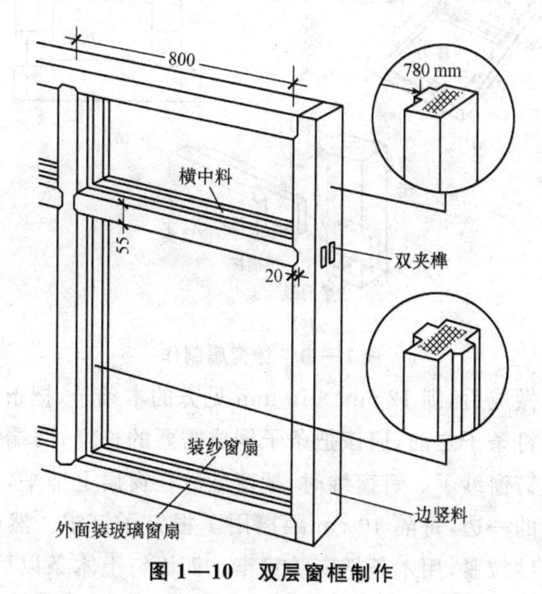

图 1—10　双层窗框制作

3）纱窗框一般使用双夹榫，使用 14 mm 凿子。裁口深度为 10 mm。

4）横中料在画割角线时，如果窗框净宽度为 800 mm，应该在 780 mm 的位置上搭角。向外另放 20 mm 作为角的全长。如果横中料的厚度为 55 mm，在画竖料眼子线时，搭角在外线，眼子在里线。

（5）纱窗扇的制作

如图 1—11 所示，纱窗扇是由两根梃，两个冒头，1 根心子组成。在画线时，先把窗扇全长线画出，然后向里画出两个冒头，定出冒头眼子，再画出中间窗心子。窗梃割角 1 cm，纱窗反面裁掉 1 cm，一般使用 1 cm 凿子。在与冒头相结合的部位，凿出 0.5 cm 深的半肩眼，在冒头上也要做出 0.5 cm 长的半肩榫，在下楔时，要防止冒头开裂和不平。在纱窗长期使用过程中，半肩可以起一定的加固作用。窗心子使用一面肩，一面榫头，正面统一使用 1 cm 圆线。

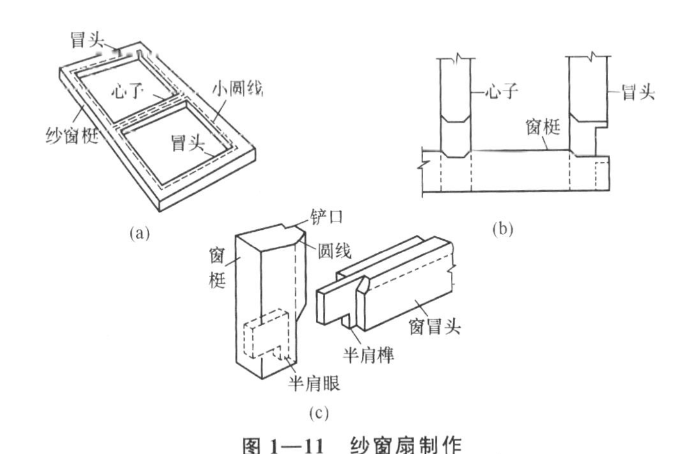

图 1—11 纱窗扇制作

窗扇做成后，刨 12 mm×10 mm 见方的木条子，把条子刨成小圆角。在钉条子之前，应该把条子锯成需要的长度，两端锯成割角后就可以钉窗纱了。钉窗纱时，把窗纱放在窗扇上铺平，先把条子放在窗扇的一边，每隔 10 cm 距离用 1 根钉子钉牢。然后再在另一边把窗纱拉紧，用木条把窗纱钉牢。四面钉上木条以后，用斜凿把多余的窗纱割去。如果用圆线条固定窗纱，窗扇看上去就像有两个正面一样。

(6)百叶窗的制作

1)百叶梃子的画线。以前，百叶梃子的眼子墨线一般都需画 4 根线，围成 1 个长方形，如图 1—12(a)所示，由于百叶眼和梃子的纵横向一般为 45°，所以画线上墨就显得麻烦。而现在变成定孔心的位置。先画出百叶眼宽度方向的中线，这是一条与梃子纵向成 45°的线，百叶眼的中线画好后，再画一条与梃子边平行距离为 12～15 mm 的长线，这根线与每根眼子中心线的交点就是孔心。这根线的定法是以孔的半径加上孔周到梃子边应有的宽度，如图 1—12(b)所示。一般 1 个百叶眼只钻两个孔就可以了。

2)钻孔。把画好墨线的百叶梃子用铳子在每个孔心位置铳个小弹坑。铳了弹坑之后，钻孔一般不会偏心。当百叶厚度为10 mm 时，采用 ϕ10 mm 或 ϕ12 mm 的钻头，孔深一般在 15～20 mm 之间，每个工时可钻几千个眼子。

3)百叶板制作。由于百叶眼已被两个孔代替，所以百叶板的做法也必须符合孔的要求，就是在百叶两端分别做出与孔对应的两个榫，以便装牢百叶板。制作时，先画出一块百叶板的样子，定出板的宽窄、长短和榫的大小位置(一般榫宽与板厚一致，榫头是个正方形)。把刨压好的百叶板按要求的长短、宽窄截好后，用钉子把数块百叶板拼齐整后钉好，按样板锯榫、拉肩、凿夹，就成了可供安装的百叶板了，如图 1—12(c)所示。要注意榫长应略小于孔深，中间凿去部分应略比肩低，如图 1—12(d)所示，才能避免不严实的情况。另外，榫是方的，孔是圆的，一般不要把榫棱打去，可以直接把方榫打到孔里去，这样嵌进去的百叶板就不会松动了。

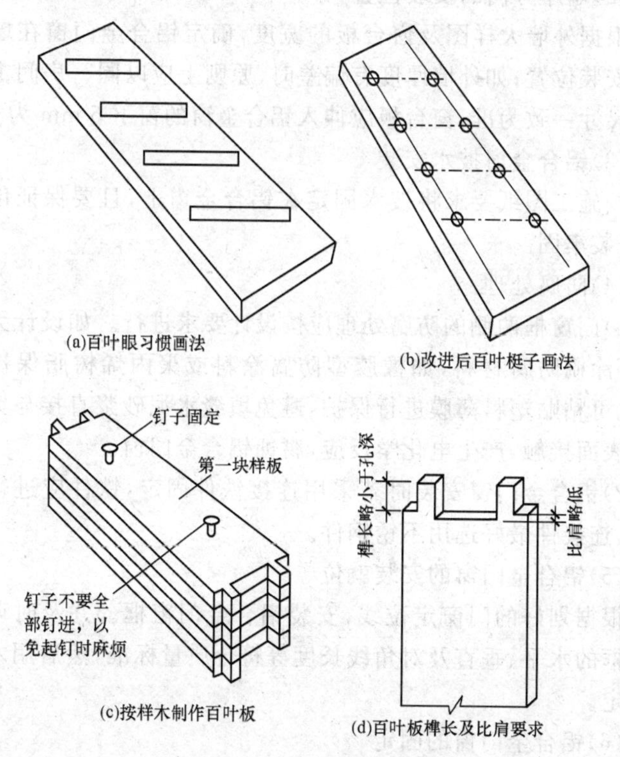

图 1—12 百叶窗的钻孔做榫

这种方法制作简便、省工，成品美观。制作时，采用手电钻、手摇钻或是台钻甚至手扳麻花钻都可以。

【技能要点 6】铝合金门窗的安装

(1)划线定位

1)根据设计图纸中门窗的安装位置、尺寸和标高，依据门窗中线向两边量出门窗边线。若为多层或高层建筑时，以顶层门窗边线为准，用线坠或经纬仪将门窗边线下引，并在各层门窗口处划线标记，对个别不直的口边应剔凿处理。

2)门窗的水平位置应以楼层室内＋50 cm 的水平线为准向上反量出窗下皮标高，弹线找直。每一层必须保持窗下皮标高一致。

(2)墙厚方向的安装位置

根据外墙大样图及窗台板的宽度，确定铝合金门窗在墙厚方向的安装位置；如外墙厚度有偏差时，原则上应以同一房间窗台板外露尺寸一致为准，窗台板应伸入铝合金窗的窗下 5 mm 为宜。

(3)铝合金窗披水安装

按施工图纸要求将披水固定在铝合金窗上，且要保证位置正确、安装牢固。

(4)防腐处理

1)门窗框两侧的防腐处理应按设计要求进行。如设计无要求时，可涂刷防腐材料，如橡胶型防腐涂料或聚丙烯树脂保护装饰膜，也可粘贴塑料薄膜进行保护，避免填缝水泥砂浆直接与铝合金门窗表面接触，产生电化学反应，腐蚀铝合金门窗。

2)铝合金门窗安装时若采用连接铁件固定，铁件应进行防腐处理，连接件最好选用不锈钢件。

(5)铝合金门窗的安装就位

根据划好的门窗定位线，安装铝合金门窗框。并及时调整好门窗框的水平、垂直及对角线长度等符合质量标准，然后用木楔临时固定。

(6)铝合金门窗的固定

1)当墙体上预埋有铁件时，可直接把铝合金门窗的铁脚直接与墙体上的预埋铁件焊牢，焊接处需做防锈处理。

2）当墙体上没有预埋铁件时，可用金属膨胀螺栓或塑料膨胀螺栓将铝合金门窗的铁脚固定到墙上。

3）当墙体上没有预埋铁件时，也可用电钻在墙上打 80 mm 深、直径为 6 mm 的孔，用 L 形 80 mm×50 mm 的 ϕ6 mm 钢筋。在长的一端粘涂 108 胶水泥浆，然后打入孔中。待 108 胶水泥浆终凝后，再将铝合金门窗的铁脚与埋置的 ϕ6 mm 钢筋焊牢。铝合金门窗安装节点如图 1—13 所示。

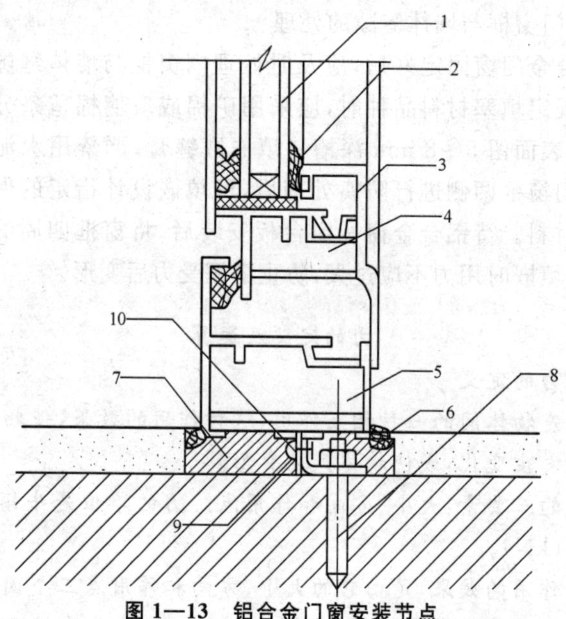

图 1—13　铝合金门窗安装节点

1—玻璃；2—橡胶条；3—压条；4—内扇；5—外框；6—密封膏；7—保温材料；8—膨胀螺栓；9—铆钉；10—塑料垫

电钻简介

木工常用的电钻有用于打螺钉孔的手枪电钻和手电钻，以及装修中在墙上打洞的冲击钻。

冲击钻和手提电钻的外形没有多大差别。它可在无冲击状态下在小材和钢板上钻孔，也可以在冲击状态下在砖墙或混凝土上打洞。由无冲击到冲击的转换，是通过转动钻体前部的一个板销来实现的。

操作电钻时，应注意使钻头直线平稳进钻，防止弹动和歪斜以免扭断钻头。加工大孔时，可先钻一小孔，然后换钻头扩大。钻深孔时，钻削中途可将钻头拉出，排除钻屑继续向里钻进。

使用冲击钻在木材或钢铁上钻孔时，不要忘记把钻调到无冲击状态。

(7)门窗框与墙体缝隙的处理

铝合金门窗固定好后，应及时处理门窗框与墙体缝隙。如果设计未规定填塞材料品种时，应采用矿棉或玻璃棉毡条分层填塞缝隙，外表面留 5～8 mm 深槽口填嵌嵌缝膏，严禁用水泥砂浆填塞。在门窗框两侧进行防腐处理后，可填嵌设计指定的保温材料和密封材料。待铝合金窗和窗台板安装后，将窗框四周的缝隙同时填嵌，填嵌时用力不应过大，防止窗框受力后变形。

力的定义及运算

1. 力的定义

力是物体间的一种相互作用，这种作用的效果，使物体的运动状态发生变化，或使物体产生变形。

力的三要素：大小、方向和作用点。力的单位是牛顿(N)或千牛顿(kN)。

力作用的效果，是由它的大小、方向和作用点三个因素确定的。在力的三要素中，改变力的任何一个要素，就会改变力对物体的作用效应。

2. 力的运算

(1)力的平行四边形法则

作用在某一刚体上同一点的两个力可以合成为作用于该点的一个合力，它的大小和方向可以由这两个力为临边所构成的平行边形的对角线表示。

(2)力的三角形法则

力的平行四边形法则可以简化为力的三角形法则，即用力的平行四边形的一半来表示。

(3)力的分解

应用力的平行四边形法则，不仅可以将两个已知力合成一个合力，而且也可以将一个已知力分解成两个分力。但力的合成只有一个结果，而力的分解则可以能有多种结果。

(4)合力投影定理

合力投影定理：合力在任一轴上的投影，等于各分力在同一轴上投影的代数和，由公式

$$F_x = F_{1x} + F_{2x} + \cdots\cdots + F_{nx}$$

$$F_y = F_{1y} + F_{2y} + \cdots\cdots + F_{ny}$$

得出合力　$F = \sqrt{F_x^2 + F_y^2}$

(8)铝合金门框安装

1)将预留门洞按铝合金门框尺寸提前修理好。

2)在门框的侧边固定好连接铁件(或木砖)。

3)门框按位置立好，找好垂直度及几何尺寸后，用射钉或自攻螺丝将其门框与墙体预埋件固定。

4)用保温材料填嵌门框与砖墙(或混凝土墙)的缝隙。

5)用密封膏填嵌墙体与门窗框边的缝隙。

(9)地弹簧座的安装

根据地弹簧安装位置，提前剔洞，将地弹簧放入剔好的洞内，用水泥砂浆固定。

地弹簧安装质量必须保证：地弹簧座的上皮一定与室内地平一致；地弹簧的转轴轴线一定要与门框横料的定位销轴心线一致。

(10)门窗扇及玻璃安装

1)门窗扇和门窗玻璃应在洞口墙体表面装饰完工验收后安装。

2)推拉门窗在门窗框安装固定后，将配好玻璃的门窗扇整体安入框内滑槽，调整好与扇的缝隙即可。

3)铝合金框扇安装玻璃,安装前,应清除铝合金框的槽口内所有灰渣、杂物等,畅通排水孔。在框口下边槽口放入橡胶垫块,以免玻璃直接与铝合金框接触。

4)安装玻璃时,使玻璃在框口内准确就位,玻璃安装在凹槽内,内外侧间隙应相等,间隙宽度一般在 2～5 mm。

5)采用橡胶条固定玻璃时,先用 10 mm 长的橡胶块断续地将玻璃挤住,再在胶条上注入密封胶,密封胶要连续注满在周边内,要注得均匀。

6)采用橡胶块固定玻璃时,先将橡胶压条嵌入玻璃两侧密封,然后将玻璃挤住,再在其上注入密封胶。

7)采用橡胶压条固定玻璃时,先将橡胶压嵌入玻璃两侧密封,容纳后将玻璃挤紧,上面不再注密封胶。橡胶压条长度不得短于所需嵌入长度,不得强行嵌入胶条。

8)地弹簧门应在门框及地弹簧主机入地安装固定后再安门扇。先将玻璃嵌入门扇格架并一起入框就位,调整好框扇缝隙,最后填嵌门扇玻璃的密封条及密封胶。

(11)安装五金配件

五金配件与门窗连接用镀锌螺钉。安装的五金配件应结实牢固,使用灵活。

【技能要点 7】木门窗安装质量标准

(1)通过观察、检查材料进场验收记录和复验报告等方法,检验木门窗的木材品种、材质等级、规格、尺寸、框扇的线型及人造夹板的甲醛含量是否符合设计要求。

木材的种类和用途

木材按树种可分为针叶树和阔叶树两大类。针叶树纹理顺直、树干高大、木质较软,适于作结构用材,如各种松木、杉木、柏木等。阔叶树树干较短,材质坚硬,纹理美观,适于装饰工程使用,如柞木、水曲柳、榆木、榉木、柚木等,见表 1—6。

表 1—6　木材的种类、特点与用途

类别	名　称	特　点	用　途
针叶树	红松	干燥、加工性能良好，风吹日晒不易龟裂、变形，松脂多、耐腐朽	门窗、地板、屋架、檩条、搁栅、木墙裙
	鱼鳞云杉	易干燥、富弹性、加工性能好、弯挠性能极好	屋架、檩条、搁栅、门窗、屋面板、模板、家具
	马尾松	多松脂，干燥时有翘裂倾向，不耐腐，易受白蚁危害	小屋架、模板、屋面板
	落叶松	难于干燥，易开裂及变形，加工性能不好，耐腐朽	搁栅、小跨度屋架、支撑、木桩、屋面板
	杉木	干燥性能好，韧性强，易加工，较耐久	门窗、屋架、地板、搁栅、檩条、椽条、屋面板、模板
	柏木	易加工，切削面光滑，干燥易开裂，耐久性强	门窗、胶合板、屋面板、模板
阔叶树	水曲柳	具有弹性、韧性、耐磨、耐湿等特点，但干燥较困难，易翘裂	家具、地板、胶合板及室内装修、高级门窗
	柏木	力学强度高，弹性大，干燥慢，常开裂，耐磨性好	地板、胶合板、家具、室内木装修
	柞木	干燥困难，易开裂翘曲，耐水，耐磨性强，耐磨损，加工困难	地板、家具、高级门窗
	麻栎	力学强度高，耐磨，加工困难，不易干燥，易径裂、扭曲	地板、家具
	柚木	耐磨损，耐久性强，干燥收缩小，不易变形	家具、地板、高级木装修
	桦木	力学强度高，富弹性，干燥过程中易开裂翘曲，加工性能好，不耐腐	胶合板、家具、室内木装修、支撑、地板

(2)木门窗应采用烘干的木材，含水率应符合《建筑木门、木窗》(JG/T 122—2000)的规定。

木材的性能

1. 木材的物理性能

(1)含水率

南方雨季时，木材平衡含水率为 18%～20%；北方干燥季节平衡含水率为 8%～12%，华北地区的木材平衡含水率为 15%左右。为了减少木材干缩湿胀变形，可预先使木材干燥到与周围湿度相适应的平衡含水率。

一般新伐木材的含水率高达 35%以上，经风干后为 15%～25%，室内干燥后为 8%～15%。

(2)密度和导热性

木材的密度平均约为 500 kg/m²，通常以含水率为 15%(称为标准含水率)时的密度为准。干燥木材的导热系数很小，因此，木材制品是良好的保温材料。

2. 木材力学性能

由于木材构造质地不匀，造成了木材强度有各向异性的特点。因此，木材的各种强度与受力方向有密切的关系。

木材的受力按受力方向可分为顺纹受力、横纹受力和斜纹受力，如图1—14所示。按受力性质分为拉、压、弯、剪四种情况。木材顺纹抗拉强度最高，横纹抗拉强度最低，各种强度与顺纹受压的比较见表 1—7。影响木材强度的最主要因素是木材疵病、荷载作用时间和含水率。

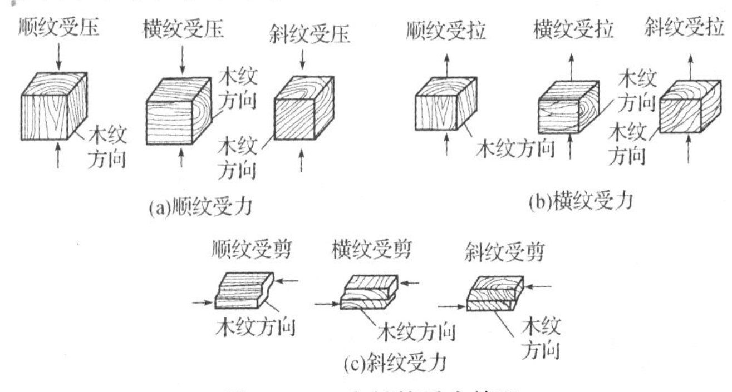

图 1—14　木材的受力情况

表 1—7　木材的强度情况比较表

抗压		抗拉		抗弯	抗剪	
顺纹	横纹	顺纹	横纹		顺纹	横纹
1	1/10～1/3	2～3	1/20～1/3	1～2	1/7～1/3	1/2～1

(3)木门窗的防火、防腐、防虫处理应符合设计要求。

(4)木门窗的结合处和安装配件处不得有木节或已填补的木节。木门窗如有允许限值以内的死节及直径较大的虫眼时，应用同一材质的木塞加胶填补。对于清漆制品，木塞的木纹和色泽应与制品一致。

(5)门窗框和厚度大于 60 mm 的门窗应用双榫连接。榫槽应采用胶料严密嵌合，并应用胶楔加紧。

(6)胶合板门、纤维板门和模压门不得脱胶。胶合板不得刨透表层单板，不得有戗槎。制作胶合板门、纤维板门时，边框和横楞应在同一平面上，面层、边框及横楞应加压胶粘。横楞和上、下冒头应各钻两个以上的透气孔，透气孔应通畅。

(7)木门窗的品种、类型、规格、开启方向、安装位置及连接方式应符合设计要求。

(8)木门窗表面应洁净，不得有刨痕、锤印。

(9)木门窗的割角、拼缝应严密平整。门窗框、扇裁口应顺直，刨面应平整。

(10)木门窗上槽、孔应边缘整齐，无毛刺。

(11)木门窗与墙体缝隙的填嵌材料应符合设计要求，填嵌应饱满。寒冷地区外门窗(或门窗框)与砌体间的空隙应填充保温材料。

(12)门窗制作的允许偏差和检验方法应符合表 1—8 规定。

表 1—8　木门窗制作的允许偏差和检验方法

项次	项　目	构件名称	允许偏差(mm)		检验方法
			普通	高级	
1	翘　曲	框	3	2	将框、扇平放在检查平台上,用塞尺检查
		扇	2	2	
2	对角线长度差	框、扇	3	2	用钢尺检查,框量裁口里角,扇量外角
3	表面平整度	扇	2	2	用 1 m 靠尺和塞尺检查
4	高度、宽度	框	0 −2	0 −1	用钢尺检查,框量裁口里角,扇量外角
		扇	+2 0	+1 0	
5	裁口、线条结合处高低差	框、扇	1	0.5	用钢直尺和塞尺检查
6	相邻棂子两端间距	扇	2	1	用钢直尺检查

【技能要点 8】铝合金门窗安装质量标准

(1)金属门窗的品种、类型、规格、性能、开启方向、安装位置、连接方式及铝合金门窗的型材壁厚应符合设计要求。金属门窗的防腐处理及嵌缝、密封处理应符合设计要求。

(2)金属门窗必须安装牢固,并应开关灵活、关闭严密,无倒翘。推拉门窗扇必须有防脱落措施。

(3)金属门窗配件的型号、规格、数量应符合设计要求,安装应牢固,位置应正确,功能应满足使用要求。

(4)金属门窗表面应洁净、平整、光滑、色泽一致,无锈蚀。大面应无划痕、碰伤。漆膜或保护层应连接。

(5)铝合金门窗推拉门窗扇开关力应大于 100 N。

(6)金属门窗框与墙体之间的缝隙应填嵌饱满,并采用密封胶密封。密封胶表面应光滑、顺直、无裂纹。

(7)金属门窗扇的橡胶密封条或毛毡密封条应安装完好,不得脱槽。

(8)有排水孔的金属门窗,排水孔应畅通,位置和数量应符合表 1—9 的要求。

表 1—9　铝合金门窗安装的允许偏差和检验方法

项次	项　目		允许偏差(mm)	检验方法
1	门窗槽口宽度、高度	≤1 500	1.5	用钢尺检查
		>1 500	2	
2	门窗槽口对角线长度差	≤2 000	3	用钢尺检查
		>2 000	4	
3	门窗框的正、侧面垂直度		2.5	用垂直检测尺检查
4	门窗横框的水平度		2	用 1 m 水平尺和塞尺检查
5	门窗横框标高		5	用钢尺检查
6	门窗竖向偏离中心		5	用钢尺检查
7	双层门窗内外框间距		4	用钢尺检查
8	推拉门窗扇与框搭接量		1.5	用钢直尺检查

第二节　细部工程

【技能要点 1】护墙板的安装

(1)弹标高水平线和纵横分档线。按图定出护墙板的顶面、底面标高位置,并弹出水平墨线作为施工控制线。定护墙板顶面高位置时,不得从地坪面向上直接量取,而应从结构施工时所弹的标高抄平线或其他高程控制点引出。纵横分档线的间距,应根据面层材料的规格、厚薄而定,一般为 400～600 mm。

(2)按分档线打眼下木楔。木楔入墙深度不宜小于 40 mm,楔眼深度应稍大于木楔入墙深度、楔眼四壁应保持基本平直。下木楔前,应用托线板校核墙面垂直度,拉麻线校核墙面平整度,钉护墙筋时,在墙的两边各拉一道垂直线(或先定两边的两条墙筋,用托线板吊垂直作为标志筋)、再依两边的垂直线(或标志筋)为据,拉横向线校核墙筋的垂直度和平整度。钉筋时采用背向木楔找平,加楔部位的楔子一定着钉钉牢。

(3)墙面做防潮层,并钉护墙筋。防潮层材料,常用的有油毡油纸及冷热沥青。油毡、油纸应完整无误。随铺防潮层随钉。沥青可在护墙筋前涂刷亦可后刷。护墙筋,将油毡或油纸压牢并校正护墙筋的垂直度和水平度。护墙板表面可采用拼缝式或离缝式。若采取离缝形式钉护墙筋时,钉子不得钉在离缝的距离内。应钉在面层能遮盖的部位。

(4)选择面板材料,并锯割成型。选择面板材料时,应将树种、颜色、花纹近似的材料用于一个房间内,要尽量将花纹本心对上。一般花纹大的在下,花纹小的朝上;颜色、花纹好的安排在迎面,颜色、花纹稍差的安排在较背的部位。整个房间内的面层板颜色深浅不一致时应逐渐由浅变深,不要突变。面层板应按设计要求锯割成型、四边平直兜方。

(5)钉护墙板面层。钉面层前,应先排块定位,认清胶合板正反面,切忌装反。钉帽应砸扁,顺纹冲入板内 1～2 mm 离缝间距,应上、下一致,左右相等(三合板等薄板面层可采用射钉)。

(6)钉压条。压条应平直、厚薄一致、线条清晰。压条接头应采取暗榫或 45°斜搭接,阴、阳角接头应采取割角结合。

【技能要点 2】门窗贴脸板、筒子板的安装

(1)制作贴脸、筒子板。用于门窗贴脸板、筒子板的材料,应木纹平直、无死节,且含水率不大于 12%。贴脸板、筒子板表面应平整光洁,厚薄一致,背面列卸力槽,防止翘曲变形,如图 1—15 所示。筒子板上、下端部,均各做一组通风孔,每组三个孔,孔径 10 mm,孔距 40～50 mm。

(2)铺设防潮层。装钉筒子板的墙面,应干铺一层油毡作防潮处理。压油毡的木条,应刷氟化钠或焦油沥青作防腐处理。木条应钉在墙内预埋防腐木砖上。木条两面应刨光,厚度要满足筒子板尺寸的要求,装钉后的木条整体表面要求平整、垂直。

(3)装钉筒子板。首先应检查门窗洞的阴角是否兜方。若有偏差,装钉筒子板时要作相应调整。装钉筒子板时,先装横向筒子板,后钉竖向筒子板。筒子板阴角应做 45°割角,筒子板与墙内预埋木砖要填平实。先进行试钉(钉子小要钉死)，经检查，待筒子板表面平整，侧面与墙面平齐，大面与墙面兜方，割角严密后，再将钉子钉死并冲入筒子板内。锯割割角应用割角箱，以保证割角准确。

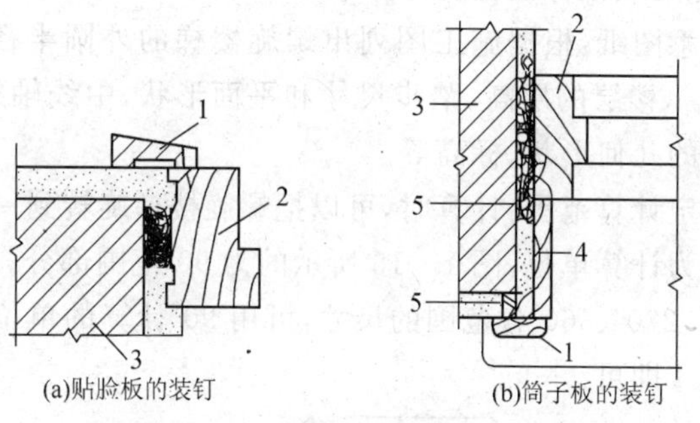

图 1—15　贴脸板、筒子板的装钉

1—贴脸板；2—门窗框；3—墙体；4—筒子板；5—预埋防腐木砖

(4)装钉贴脸板。门窗贴脸板由横向和竖向贴脸板组成。横向和竖向贴脸板均应遮盖墙面不小于 10 mm。

贴脸板装钉顺序是先横向后竖向。装钉横向贴脸板时，先要量出横向贴脸板的长度，其长度要同时保证横向、竖向贴脸板，搭盖墙面的尺寸不小于 10 mm。横向和竖向贴脸板的割角线，应与门窗框的割角线重合，然后将横向贴脸板两端头锯成 45°斜角。安装横向贴脸板时，其两端头离门窗框梃的距离要一致，用钉帽砸扁的钉子将其钉牢。

竖向贴脸板的长度根据横向贴脸板的位置决定。窗的竖向贴脸板长度，按上、下横向贴脸板之间的尺寸，进行画线、锯割。门的竖向贴脸板长度，由横向贴脸板向下量至踢脚板上方 10 mm 处。其上端头与横向贴脸板做 45°割角，下端头与门墩子板平头相接。竖向贴脸板之间的接头应采取 45°斜搭接，接头要顺直。竖向贴脸板装钉好后，再装钉门墩子板。如设计无墩子板时，一般贴脸的厚度应大于踢脚板，且使贴脸落于地面。门墩子板断面略大于门贴脸板，门墩子板断料长度要准确，以保证两端头接缝严密。门墩子板固定不要少于两只钉子。装钉贴脸板、筒子板的钉子，其长度为板厚的 2 倍，钉帽砸扁顺纹冲入板内 1～3 mm。贴脸板固定后，应用细刨将接头刨削平整、光洁。

【技能要点3】旋转楼梯模板的安装

(1)螺旋式楼梯模板的计算

1)熟悉图纸:根据施工图列出螺旋楼梯的外圆半径 $R_{外}$ 和内圆半径 $R_{内}$,楼层的层高、踏步尺寸和平面形状,中线轴线的位置,螺旋楼梯的几何形状、标高等。

2)确定计算范围:计算时,可以把螺旋楼梯旋转到一定范围内的尺寸作为计算单位,图1—16所示的为90°范围部分。如果要求旋转180°、270°、360°各范围的尺寸,可用90°计算的单位尺寸分别乘以2、3、4即可。

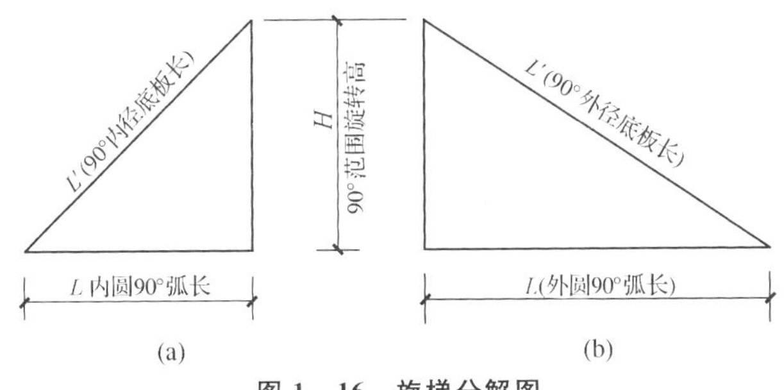

图1—16 旋梯分解图

3)计算方法:旋转楼梯的模板一般比楼梯模板复杂,它是由几个曲面组成,首先将这几个曲面的外边线计算出来。

①求出内圆、外圆水平投影在90°范围的弧长 L:设内圆半径为 $R_{内}$,外圆半径为 $R_{外}$,内、外圆水平投影在90°范围的弧长分别为 $L_{内}$、$L_{外}$、$L_{内}=R_{内}\times 3.14\div 2L_{外}=R_{外}\times 3.14\div 2$

②求出外圆三角及内圆三角的坡度=$H:L$

内圆坡度=90°范围的旋转高/内圆90°范围的弧长

外圆坡度=90°范围的旋转高/外圆90°范围的弧长

内、外圆坡度的值对计算有重要作用,现称外圆坡度系数为1,内圆坡度系数为2。

③求出90°范围螺旋弧长对应的半径 R_1(大)和 R_2(大)。R_1(大)$=R_1\times$斜面系数,R_2(大)$=R_2\times$斜面系数

(2)螺旋式楼梯支模

1)在垫层上按平面图弹出地盘线,分出台阶阶数,并标出每个台阶的累积标高。

2)固定端圈梁底用砖按坡度砌成,砌体找坡可用 ϕ6 mm 钢筋焊制的坡度架控制。面临柱心孔一侧用镀锌铁皮围成一个圆桶芯,它既可当圈梁侧模,又可随着升高定位。为定位方便,可在旋转踏步起始处左侧,留一个宽 12 cm,高 24 cm 的观察孔,孔内安一盏工具灯,随时可校正垂球和柱孔地盘圆心柱的误差。为固定圆桶芯,可在四周挂 ϕ6 mm 钢筋,和桶芯长度相等,避免向一侧沉。桶底座在临时插入内孔壁水平灰缝的钢筋头上,扎芯顶部定位孔可随时用轮杆控制砌体和楼梯外径尺寸,圈梁临踏步一侧用纤维板围成,分上、下两部分。做法同栏板内模一样。圈梁下四皮砖每隔一步砌入砖内一根 6U 型铺环,以加固栏板下端模板用。

3)楼梯踏步断面为齿形,可直接按图做出木模,按地盘线位置和标高由下到上,每四阶为一组依次安放,外支撑柱根部应适应向外倾斜,使楼板更加稳固。

4)楼梯楼板镀锌铁皮外模加三道圆弧带。纤维板内模分上、下两部分。上、下内模各用两道圆弧带。内、外模以四阶为一组,也随踏步木模一道,依次由下至上逐组安装。

(3)大半径螺旋楼梯支模

梯段楼板由牵杠撑、牵杠、阁栅、底板、帮板和踏步侧板等部分组成,制作前,先计算画线或用尺放样,将所需各种基本数据计算列表,并确定支模轴线部位,具体操作步骤如下。

1)放线:在梯间垫层上抹水泥砂浆找平层,把梯段各轴线和等距向心线,即牵杠位置水平投影轴线,画到找平层上,并编号标记。

2)牵杠组合架组装:为使阁栅安装方便、标准,应将牵杠和牵杠撑组合成门式骨架,用水平撑和斜撑连接。立架时下面垫木板用楔子找距,为便于找距,其斜撑的下节点应在内牵杠和组合架就位吊正位移后,再钉牢。组装前应做好以下两点:

①确定牵杠撑的高度。

②牵杠加工。

3)阁栅：阁栅应配合牵杠组合架安装，只要把牵杠按各自位置安装妥当，阁栅安装是比较容易的。在保证底板抗弯能力的情况下，不论采取什么形式排列，阁栅的上表面基本处于同一曲面，偏差一般不超过 2 mm，应注意的是，内阁栅不要与内弧轴线成弦线，即不要超出内圆，这样不致影响吊线和复线工作。

4)底板：由于梯板底面曲率不同，因此采用 20～30 mm 厚的模板容易使底板模形成适当扭曲。提高支模质量，在制作方法上有集中加楔、切向布置和扇形拼装等形式施工中最好采用板缝全部是向心线的扇形方案。这种方案有统一尺寸和分别计算两种方法。按各块模板料宽度定矩下料的方法可节约木料，但在计算、制作和安装中，容易出差错。因此，采用各块模板的形状和尺寸统一的方法，可使计算和制作过程更加简便。

5)帮模板：由于旋转梯一般梯板较厚，设计时多将楼板宽度略小于梯度，两侧挑出适当长度的薄板梯阶，使外形更加轻盈美观。帮模板由梯板帮和踏步挑檐组成。

6)踏步挡板：用 30 mm 厚的模板加工成宽为踏步高、长大于梯宽再加 100 mm 的挡板。由于挑梁侧板比踏步面高出 20 mm，因此，在中间为梯宽的两端锯高度为 20 mm 的缺口，把制好的挡板固定在侧板及挡木侧面，用拉杆顶棍加固。

最后，用斜撑拉杆等把整个梯模，特别是外侧模加固稳定，然后就可检查验收。

第二章　木工装修工程

第一节　吊顶工程

【技能要点1】木吊顶的安装

(1)木吊顶的基本形式

1)桁架下板条吊顶。装于桁架下的板条吊顶主要由主龙骨、次龙骨、吊筋和板条等部分组成,如图2—1所示。

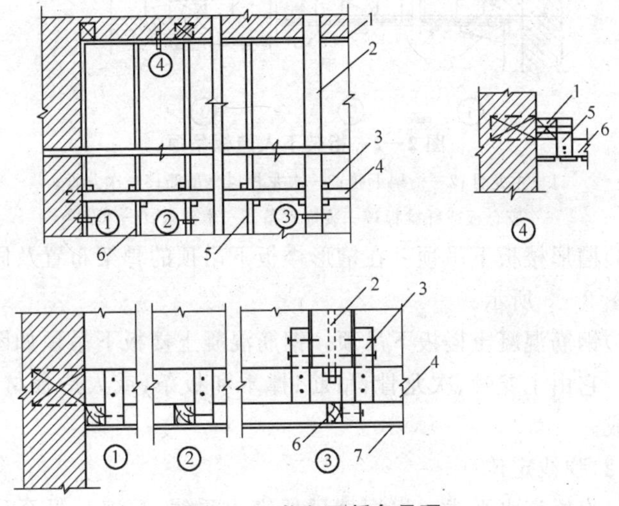

图2—1　桁架下板条吊顶

1—靠墙主龙骨;2—桁架下弦杆;3—吊筋;4—主龙骨

5—次龙骨吊筋;6—次龙骨;7—灰板条

2)桁架下人造板吊顶。桁架下人造板吊顶的吊顶骨架布置与固定方法和板条吊顶基本相似。只是次龙骨的间距应根据人造板幅面尺寸来定,以尽量减小裁板损耗。同时还要布置加钉与次龙骨相垂直的横撑,以便板的横边有所依托和将板钉平。如图2—2所示的为桁架下人造板吊顶。

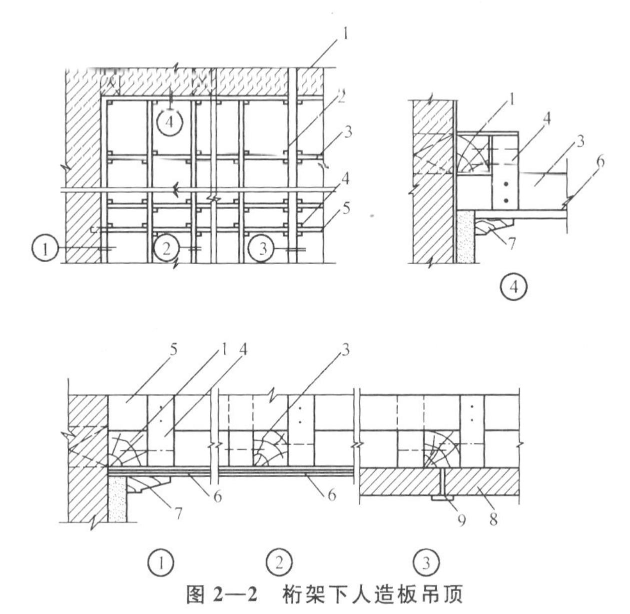

图 2—2　桁架下人造板吊顶

1—主龙骨；2—桁架下弦；3—次龙骨；4—吊筋；5—次龙骨；
6—胶合板或纤维板；7—装饰木条；8—木丝板；9—木压条

3)槽形楼板下吊顶。在槽形楼板下吊顶的骨架布置及固定方法如图 2—3 所示。

4)钢筋混凝土楼板下吊顶。钢筋混凝土楼板下吊顶如图2—4所示。它由主龙骨、次龙骨、吊筋、撑木和板条(或人造板材)等部分组成。

(2)弹线定位

1)弹标高水平线。根据楼层标高水平线,顺墙高量至顶棚设计标高,沿墙四周弹顶棚标高水平线。

2)划龙骨分档线。沿已弹好的顶棚标高水平线,划好龙骨的分档位置线。

将预埋钢筋端头弯成环形圆钩,穿 8 号镀锌钢丝或用 6、8 螺栓将大龙骨固定,未预埋钢筋时可用膨胀螺栓,并保证其设计标高。吊顶起拱按设计要求,设计无要求时,一般为房间跨度的 1/300～1/200。

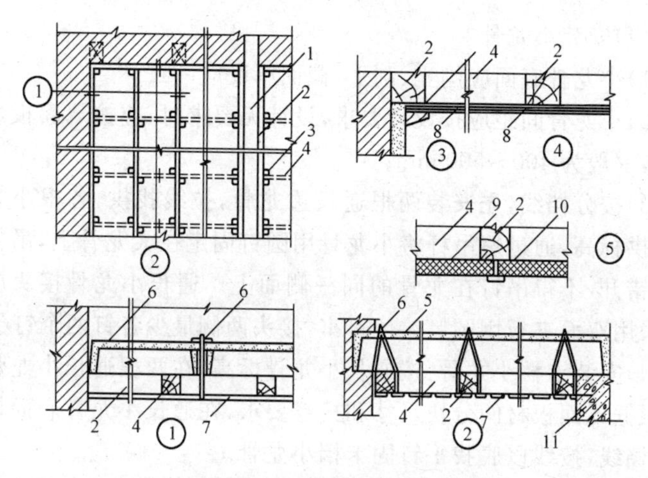

图 2—3 槽形楼板下吊顶

1—主龙骨；2—次龙骨；3—连接筋；4—横撑；5—槽形楼板；6—镀锌铅丝及短钢筋；7—板条；8—胶合板或纤维板；9—刨花板或木丝板；10—压缝木条；11—梁

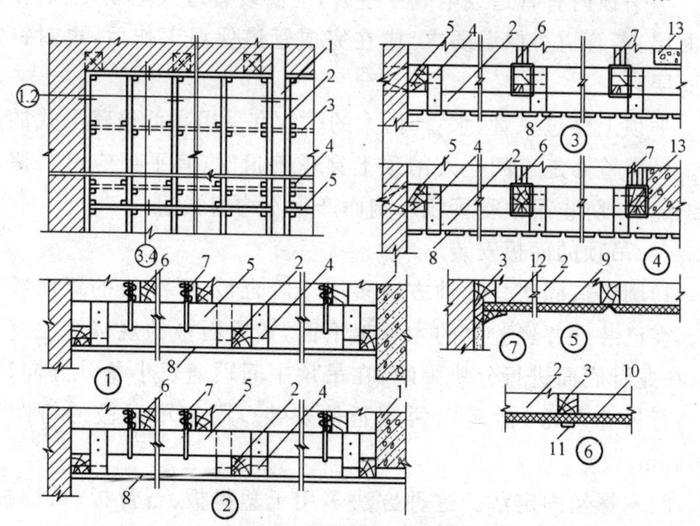

图 2—4 钢筋混凝土楼板下吊顶

1—主梁；2—次龙骨；3—横撑；4—吊筋；5—主龙骨；6—撑木；7—4 镀锌钢丝；8—板条；9—胶合板或纤维板；10—木丝板；11—盖缝木条；12—装饰木条；13—次梁

(4)安装小龙骨

1)小龙骨底面应刨光、刮平，截面厚度应一致。

2)小龙骨间距应按设计要求，设计无要求时，应按罩面板规格决定，一般为400～500 mm。

3)按分档线，先安装两根通长边龙骨，拉线找拱，各根小龙骨按起拱标高，通过短吊杆将小龙骨用圆钉固定在大龙骨上，吊杆要逐根错开，不得吊钉在龙骨的同一侧面上。通长小龙骨接头应错开，采用双面夹板用圆钉错位钉牢，接头两侧最少各钉两个钉子。

4)安装卡档小龙骨：按通长小龙骨标高，在两根通长小龙骨之间，根据罩面板材的分块尺寸和接缝要求，在通长小龙骨底面横向弹分档线，按线以底找平钉固卡档小龙骨。

(5)棚内管线设施安装

吊顶时要结合灯具位置、风扇位置，做好预留洞穴及吊钩工作。当平顶内有管道或电线穿过时，应安装管道及电线，然后再铺设面层，若管道有保温要求，应在完成管道保温工作后，再封钉吊顶面层。

平顶上穿过风管、水管时，大的厅堂宜采用高低错落形式的吊顶。设有检修走道的上人吊顶上穿越管道时，其平顶应适当留设伸缩缝，以防止吊顶受管线影响而产生不均匀胀缩。

(6)吊顶的面板安装

1)圆钉钉固法。这种方法多用于胶合板、纤维板的罩面板安装。在已装好并经验收的木骨架下面，按罩面板的规格和拉缝间隙，在龙骨底面进行分块弹线，在吊顶中间顺通长小龙骨方向，先装一行做为基准，然后向两侧延伸安装。固定罩面板的钉距为200 mm。

2)木螺丝固定法。这种方法多用于塑料板、石膏板、石棉板。在安装前，罩面板四边按螺钉间距先钻孔，安装程序与方法基本上同圆钉钉固法。

3)胶黏剂粘固法。这种方法多用于钙塑板，安装前板材应选配修整，使厚度、尺寸、边楞齐整一致。每块罩面板粘贴前应进行预装，然后在预装部位龙骨框底面刷胶，同时在罩面板四周刷胶，刷胶宽度为10～15 mm，经5～10 min后，将罩面板压粘在预装部位。每间顶棚先由中间行开始，然后向两侧分行逐块粘贴，胶黏剂按设计规定，设计无要求时，应经试验选用，一般可用401胶。

(7)安装压条

木骨架罩面板顶棚，设计要求采用压条做法时，待一间罩面板全部安装后，先进行压条位置弹线，按线进行压条安装。其固定方法，一般同罩面板，钉固间距为300 mm，也可用胶黏剂粘贴。

【技能要点2】轻钢龙骨吊顶的安装

(1)型材及配件

1)U形龙骨。U形吊顶龙骨有主龙骨(大龙骨)、次龙骨(中龙骨)、横撑龙骨吊挂件、接插件和挂插件等配件装配而成，如图5—5所示。

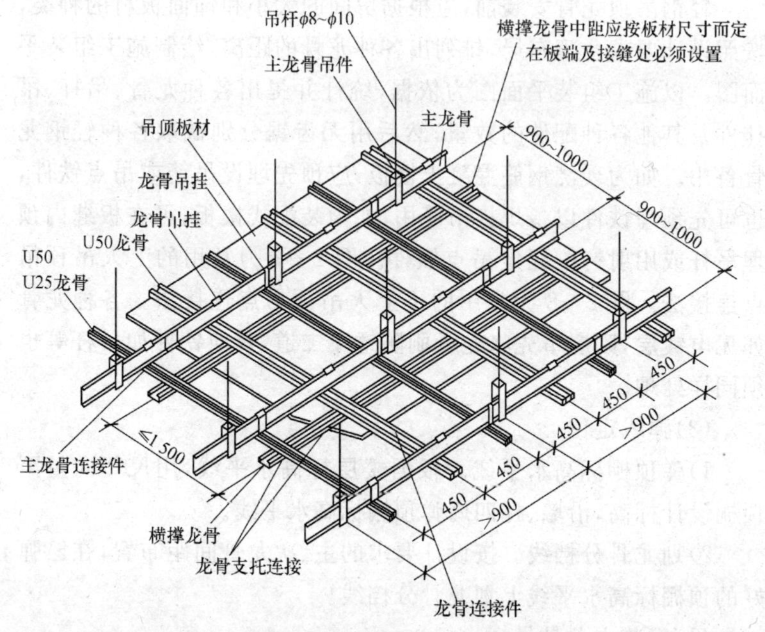

图2—5　U形上人轻钢龙骨安装示意图(单位：mm)

2)T形龙骨。承重主龙骨及其吊点布置与U形龙骨吊顶相同，用T形龙骨和T形横撑龙骨组成吊顶骨架，把板材搭在骨架翼缘上，如图2—6所示。

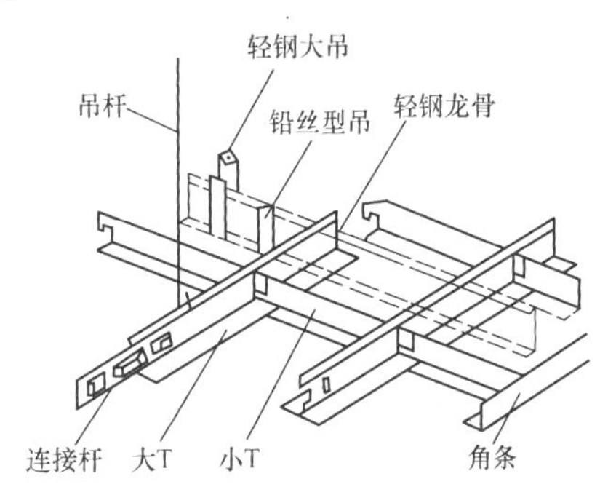

图2—6　T形轻钢龙骨吊顶安装示意图

(2)龙骨安装前的施工准备

轻钢吊顶龙骨安装前，应根据房间的大小和饰面板材的种类，按照设计要求合理布局，排列出各种龙骨的距离，绘制施工组装平面图。以施工组装平面图为依据，统计并提出各种龙骨、吊杆、吊挂件及其他各种配件的数量，然后用无齿锯分别截取各种轻钢龙骨备用。如为现浇钢筋混凝土楼板，应预先埋设吊筋或吊点铁件，也可先预埋铁件以备焊接吊筋用；如为装配式楼板，可在板缝内预埋吊杆或用射钉枪固定吊点铁件。图2—7为常用的上人吊顶吊点连接法。图2—8为常用的不上人吊顶吊点连接法。各种龙骨如无电镀层，则应事先将龙骨刷防锈漆二道，其他铁件如吊杆等也须同样处理。

(3)弹线定位

1)弹顶棚标高水平线。根据楼层标高水平线，用尺竖向量至顶棚设计标高，沿墙、柱四周弹顶棚标高水平线。

2)划龙骨分档线。按设计要求的主、次龙骨间距布置，在已弹好的顶棚标高水平线上划龙骨分档线。

(4)安装主龙骨吊杆

弹好顶棚标高水平线及龙骨分档位置线后，确定吊杆下端头的标高，按主龙骨位置及吊挂间距，将吊杆无螺栓螺纹的一端与楼板预埋钢筋连接固定。未预埋钢筋时可用膨胀螺栓。

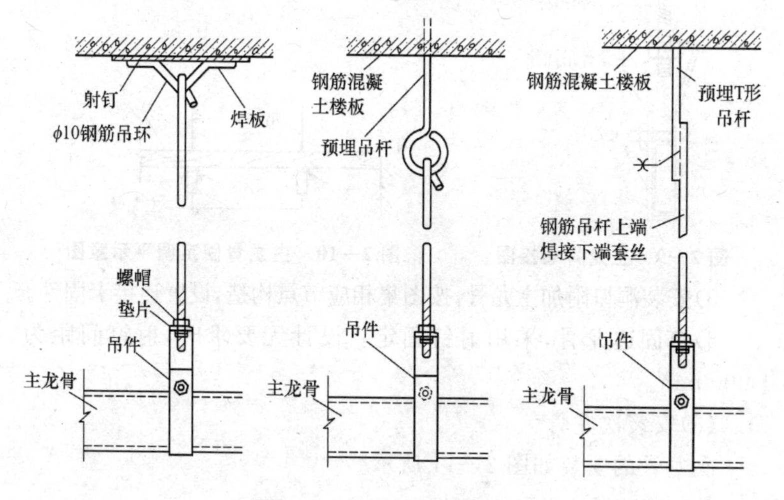

图 2—7　上人吊顶吊点连接

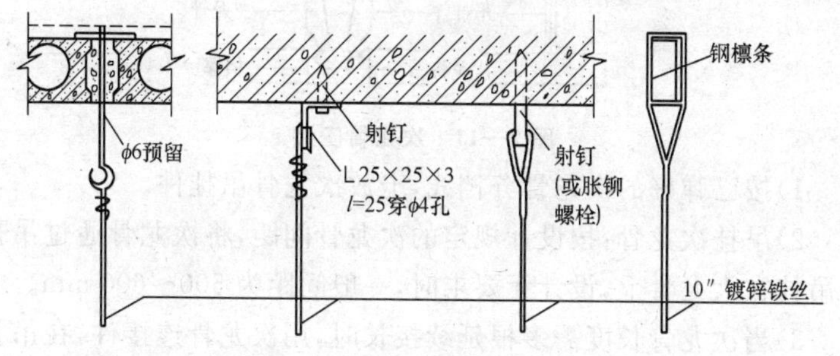

图 2—8　不上人吊顶吊点连接

(5)安装主龙骨

1)配装吊杆螺母。

2)在主龙骨上安装吊挂件。

3)安装主龙骨:将组装好吊挂件的主龙骨,按分档线位置使吊挂件穿入相应的吊杆螺栓,拧好螺母。

4)主龙骨相接处装好连接件,拉线调整标高、起拱和平直。主龙骨的连接和固定调平如图 2—9、图 2—10 所示。

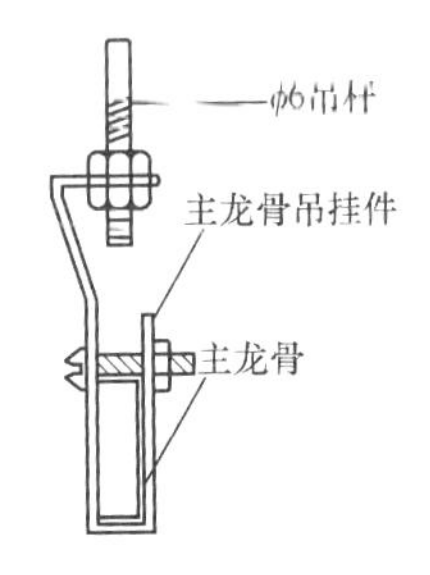

图 2—9　主龙骨连接图

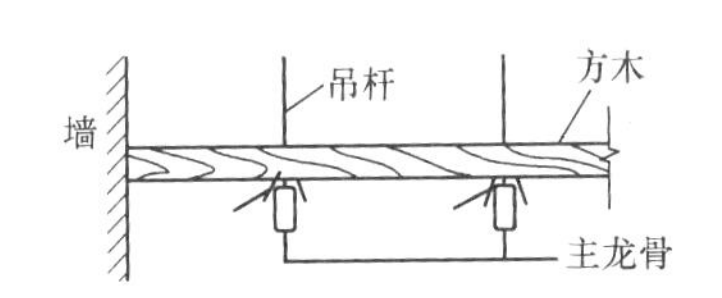

图 2—10　主龙骨固定调平示意图

5)安装洞口附加主龙骨，按图集相应节点构造，设置连接卡固件。

6)钉固边龙骨，采用射钉固定。设计无要求时，射钉间距为 1 000 mm。

(6)安装次龙骨

次龙骨的安装如图 2—11 所示。

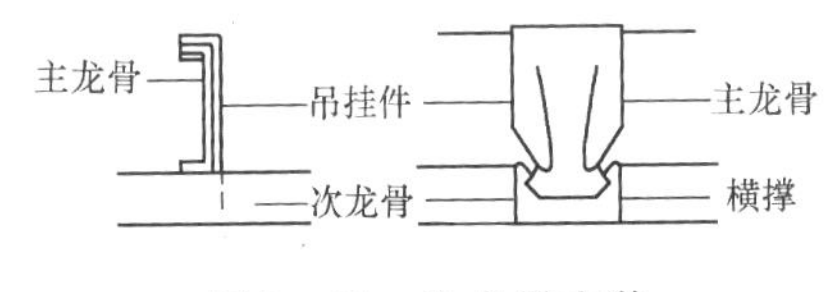

图 2—11　次龙骨安装

1)按已弹好的次龙骨分档线，卡放次龙骨吊挂件。

2)吊挂次龙骨：按设计规定的次龙骨间距，将次龙骨通过吊挂件吊挂在大龙骨上，设计无要求时，一般间距为 500～600 mm。

3)当次龙骨长度需多根延续接长时，用次龙骨连接件，在吊挂次龙骨的同时相接，调直固定。

4)当采用 T 形龙骨组成轻钢骨架时，次龙骨的卡档龙骨应在安装罩面板时，每装一块罩面板先后各装一根卡档次龙骨。

(7)安装罩面板

1)罩面板自攻螺钉钉固法。在已装好并经验收的轻钢骨架下面，按罩面板的规格、拉缝间隙、进行分块弹线，从顶棚中间顺通长次龙骨方向先装一行罩面板，作为基准，然后向两侧伸延分行安装，固定罩面板的自攻螺钉间距为 150～170 mm。

2)罩面板胶黏剂粘固法。按设计要求和罩面板的品种、材质选用胶黏材料，一般可用401胶黏结，罩面板应经选配修整，使厚度、尺寸、边楞一致、整齐。每块罩面板黏结时应预装，然后在预装部位龙骨框底面刷胶，同时在罩面板四周边宽10～15 mm的范围刷胶，经5 min后，将罩面板压粘在顶装部位；每间顶棚先由中间行开始，然后向两侧分行黏结。

3)罩面板托卡固定法。当轻钢龙骨为T形时，多为托卡固定法安装。

T形轻钢骨架通长次龙骨安装完毕，经检查标高、间距、平直度和吊挂荷载符合设计要求，垂直于通长次龙骨弹分块及卡档龙骨线。罩面板安装由顶棚的中间行次龙骨的一端开始，先装一根边卡档次龙骨，再将罩面板槽托入T形次龙骨翼缘或将无槽的罩面板装在T形翼缘上，然后安装另一侧卡档次龙骨。按上述程序分行安装，最后分行拉线调整T形明龙骨。

(8)安装压条

罩面板顶棚如设计要求有压条，待一间顶棚罩面板安装后，经调整位置，使拉缝均匀，对缝平整，按压条位置弹线，然后按线进行压条安装。其固定方法宜用自攻螺钉，螺钉间距为300 mm；也可用胶黏料粘贴。

【技能要点3】开敞式吊顶的安装

(1)单体构件的固定

单体构件的固定可以分为两种类型：一是将单体构件固定在骨架上；二是将单体构件直接用吊杆与结构相连，不用骨架支撑，其本身具有一定的刚度。

前一种固定办法，一般是由于单体构件自身刚度不够，如果直接将其悬吊，会不够稳定及容易变形，故而将其固定于安全可靠的骨架上。

用轻质、高强一类材料制成的单体构件，可以集骨架与装饰为一体，只要将单体构件直接固定即可。也有的采用卡具先将单体构件连成整体，然后再用通长钢管将其与吊杆连接，如图2—12所示。这样做可以减少吊杆数量，施工也较简便。还有一种更为简便的方法是先用钢管将单体构件担住，而后将吊管用吊杆悬吊，这种做法省略了单体构件的固定卡具，简单可行，如图 2—13 所示。

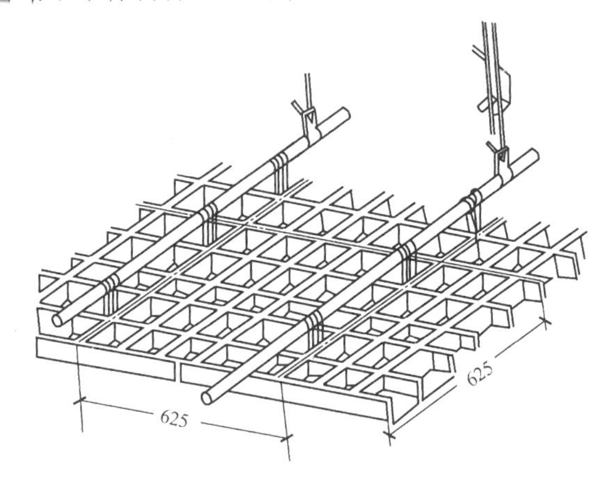

图 2—12 使用卡具和通长钢管安装示意图(单位：mm)

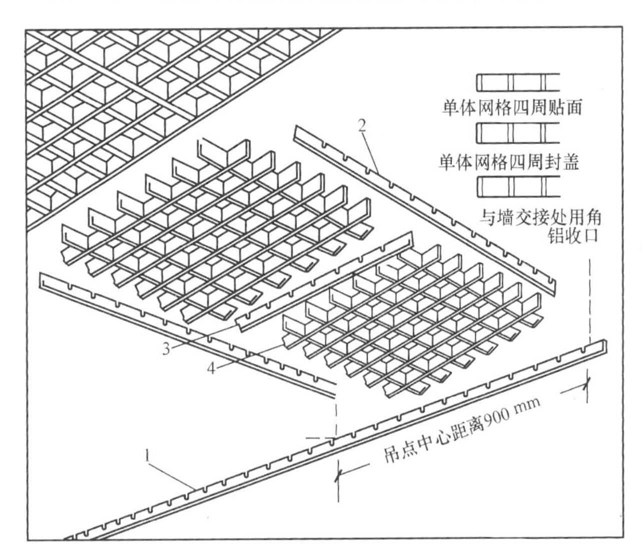

图 2—13 不用卡具的吊顶安装构造示意图

1—吊管(1 800 mm)；2—横插管(1 200 mm)；

3—横插管(600 mm)；4—单体网格构件(600 mm×600 mm)

如图 2—14 所示的吊顶安装构造，是单体构件逐个悬挂，在加工单体构件时，已将悬挂构造与单体构件一同加工完成。这样能够提高吊顶安装质量及工效。

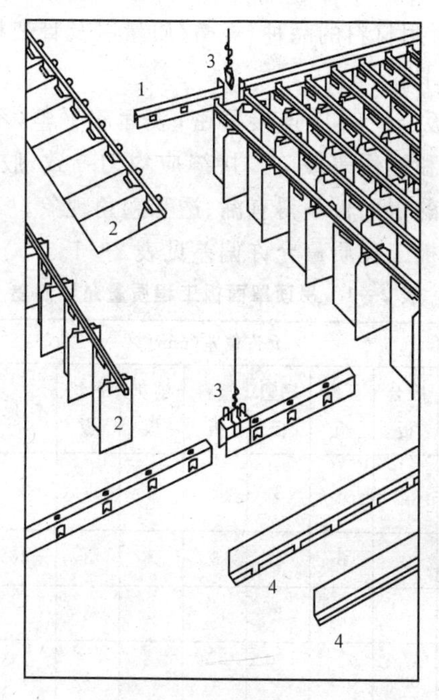

图 2—14　预先加工好悬挂构造的吊顶安装示意图

1—悬吊骨架；2—单体构件；3—吊杆；4—同墙交接收口条

(2)开敞式吊顶的安装

应注重单体构件悬挂的整齐问题。这种吊顶就是通过单体构件的有规律组合，而获取装饰效果的，如若安装得不顺、不齐，势必有损于这种吊顶的韵律感。

(3)吊顶上部空间的处理

吊顶上部空间的处理对装饰效果影响也比较大，因为这种吊顶是敞口的，上部空间的设备、管道及结构情况，对于层高不够大的房间是清晰可见的。比较常用的做法是利用灯光的反射，使吊顶上部光线暗淡，将上部空间的设备、管道及结构等变得模糊不清，用明亮的地面来吸引人们的视觉注意力。也可将设备、管道及混凝土楼板刷上一层灰暗的色彩，借以模糊它们的形象。

【技能要点 4】吊顶安装的质量要求

（1）吊顶所用材料的品种、规格、质量以及骨架构造、固定方法应符合设计要求。

（2）罩面板与骨架应连接紧密，表面应平整，不得有污染、折裂、缺棱、掉角和锤伤等缺陷。接缝应均匀一致，胶合板不得有刨透之处。搁置的罩面板不得有漏、透和翘角现象。

吊顶罩面板工程质量允许偏差见表 2—1。

表 2—1　吊顶罩面板工程质量允许偏差

项次	项　目	允许偏差(mm)							检验方法
		胶合板	纤维板	钙塑板	塑料板	刨花板	木丝板	木 板	
1	表面平整	2	3	3	2	4	4	3	用 2 m 靠尺和楔形塞尺检查
2	接缝平直	3	3	4	3	3	3	3	拉 5 m 线检查，不足 5 m 拉通线检查
3	压条平直	3	3	3	3	3	3	—	
4	接缝高低	0.5	0.5	1	1	—	—	1	用直尺和楔形塞尺检查
5	压条间距	2	2	2	2	3	3	—	用尺检查

第二节　地面铺设

【技能要点 1】塑料地面的铺设

（1）基层处理

1）地面基层为水泥砂浆抹面时，表面应平整（其平整度采用 2 m直尺检查时，其允许空隙不应大于 2 mm）、坚硬、干燥，无油及其他杂质。当表面有麻面、起砂、裂缝现象时，应采用乳液腻子处理[配合比为水泥：108 胶：水＝1：（0.2～0.3）：0.3]，处理时每次涂刷的厚度不应大于 0.8 mm，干燥后应用 0 号铁砂布打磨，然后再涂刷第二遍腻子，直到表面平整后，再用水稀释的乳液涂刷一遍[配合比为水泥：108胶：水＝1：(0.5～0.8)：(6～8)]。

2)基层为预制大楼板时，将大楼板过口处的板缝勾严、勾平、压光。将板面上多余的钢筋头、埋件剔掉，凹坑填平，板面清理干净后，用10%的火碱水刷净，晾干。再刷水泥乳液腻子[配合比为水泥：108胶：水＝1：(0.2～0.3)：0.4]，刮平后，第二天磨砂纸，将其接槎痕迹磨平。

地面基层处理完之后，必须将基层表面清理干净，在铺贴塑料板块前不得进行其他工序操作。

(2)弹线

在房间长、宽方向弹十字线，应按设计要求进行分格定位，根据塑料板规格尺寸弹出板块分格线。如房内长、宽尺寸不符合板块尺寸倍数时，应沿地面四周弹出加条镶边线，一般距墙面200～300 mm为宜。板块定位方法一般有对角定位法和直角定位法，如图2—15所示。

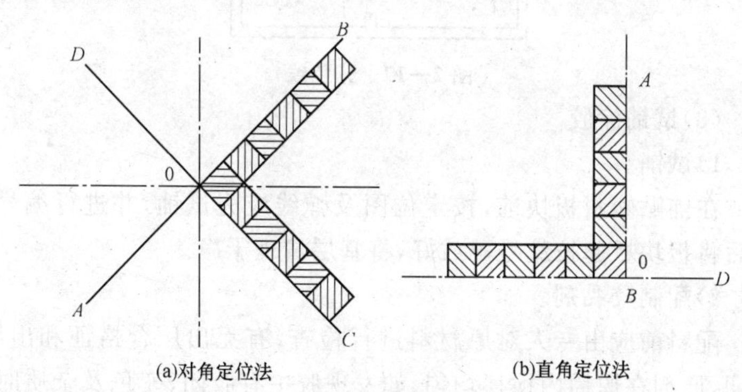

图2—15　定位方法

弹线时以房间中心点为中心，弹出相互垂直的两条定位线。定位线有丁字、十字和对角等形式，如图2—16所示。如整个房间排偶数块，中心线即是塑料地板的接缝；如排奇数块，接缝离中心线半块塑料地板的距离。分格、定位时，如果塑料地板的尺寸与房间长宽方向不合适，应留出距墙边200～300 mm的尺寸以做镶边。根据塑料地板的规格、图案和色彩，确定分色线的位置，如果套间内外房间地板颜色不同，分色线应设在门框踩口线外。分格线应设在门中，使门口地板对称，也不要使门口出现小于1/2的窄条，如图2—17所示。

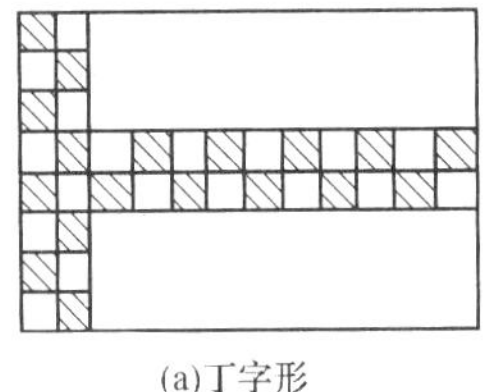

(a)丁字形

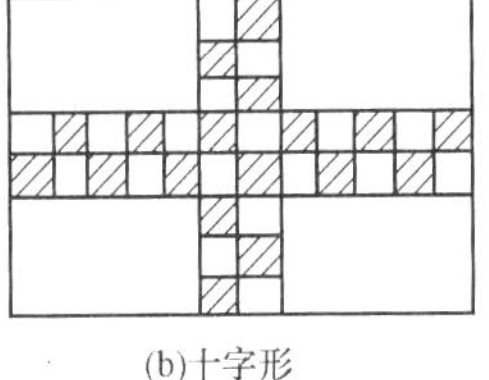

(b)十字形

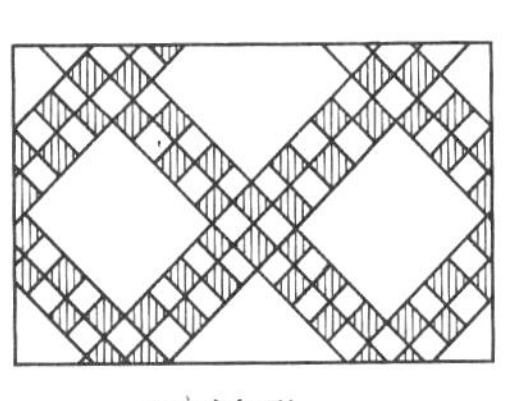

(c)对角形

图2—16　塑料地板分格铺贴形式

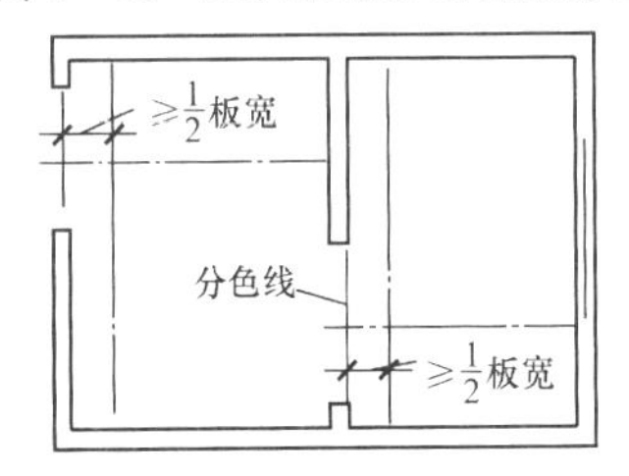

图2—17　分色线

(3)试铺涂胶

1)试铺。

在铺贴塑料板块前，按定位图及弹线应先试铺，并进行编号，然后将板块掀起按编号码放好，将基层清理干净。

2)配制胶黏剂。

配料前应由专人对原材料进行检查，有无出厂合格证和出厂日期，原剂在原筒内搅拌均匀，如发现胶中有胶团、变色及杂质时，不能使用。使用稀料对胶液进行稀释时，亦应随拌随用，存放间隔不应大于1 h。在拌和、运输、贮存时，应用塑料或搪瓷容器，严禁使用铁器，防止发生化学反应，胶液失效。

3)刷底子胶。

基层清理干净后，先刷一道薄而均匀的结合层底子胶，待其干燥后，按弹线位置沿轴线由中央向四面铺贴。

底子胶的配制，当采用非水溶性胶黏剂时，宜按同类胶黏剂（非水溶性）加入其重量10%的汽油（65号）和10%的醋酸乙酯（或乙酸乙酯），并搅拌均匀；当采用水溶性胶黏剂时，宜按同类胶黏剂加水，并搅拌均匀。

（4）铺贴塑料地面

1）粘贴塑料板。

拆开包装后，用干净布将塑料板的背面灰尘清擦干净。应从十字线往外粘贴，当采用乳液型胶黏剂时，应在塑料板背面和基层上同时均匀涂胶，即用3″油刷沿塑料板粘贴地面及塑料板的背面各涂刷一道胶。当采用溶剂型胶黏剂时，应在基层上均匀涂胶。在涂刷基层时，应超出分格线10 mm，涂刷厚度应小于或等于1 mm。在铺贴塑料板块时，应待胶层干燥至不粘手（约10～20 min）为宜；按已弹好的墨线铺贴，应一次就位准确，粘贴密实（用滚子压实），然后再进行第二块铺贴，方法同第一块，以后逐块进行。基层涂刷胶黏剂时，不得面积过大，要随贴随刷。

对缝铺贴的塑料板，缝子必须做到横平竖直，十字缝处缝子通顺无歪斜，对缝严实，缝隙均匀。

2）半硬质聚氯乙烯板地面的铺贴。

预先对板块进行处理，宜采用丙酮、汽油混合溶液（1∶8）进行脱脂除蜡，干后再进行涂胶贴铺，方法同上。

3）软质聚氯乙烯板地面的铺贴。

铺贴前先对板块进行预热处理，宜放入75 ℃的热水浸泡10～20 min，待板面全部松软伸平后，取出晾干待用，但不得用炉火或电热炉预热。当板块缝隙需要焊接时，在铺贴48 h以后方可施焊，亦可采用先焊后铺贴。焊条成分、性能与被焊的板材性能要相同。

施焊时按二人一组，一人持枪施焊，一人用压辊压焊。施焊者左手持焊条，右手握焊枪，从左向右施焊，持压辊者紧跟焊条后施压。

为使焊条、拼缝同时均匀受热，必须使焊条、焊枪喷嘴和拼缝保持在拼缝轴线方向的同一垂直面内，如图 2—18 所示，且使焊枪喷嘴均匀上下摆动，摆动次数为 1～2 次/s，幅度为 10 mm 左右。持压辊者同时在后推压，用力和推进速度应保持均匀。

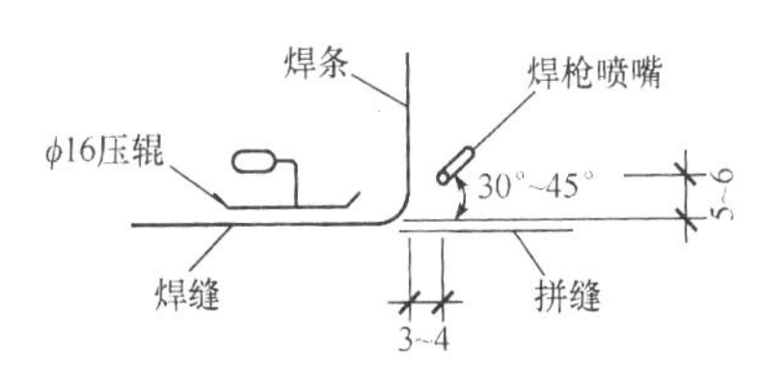

图 2—18　焊接示意图

4)塑料卷材铺贴。

预先按已计划好的卷材铺贴方向及房间尺寸裁料，按铺贴的顺序编号，刷胶铺贴时，将卷材的一边对准所弹的尺寸线，用压辊压实，要求对线连接平顺，不卷不翘，然后依以上方法铺贴。

(5)铺贴塑料踢脚板

地面铺贴完后，弹出踢脚上口线，并分别在房间墙面下部的两端铺贴踢脚后，挂线粘贴，应先铺贴阴阳角，后铺贴大面，用滚子反复压实，注意踢脚上口及踢脚与地面交接处阴角的滚压，并及时将挤出的胶痕擦净，侧面应平整、接槎应严密，阴阳角应做成直角或圆角。

软质塑料地板踢脚板的做法，一般是上口压一根木条或硬塑料压条封口，阴角处理成 90°或成小圆角，如图 2—19 所示。

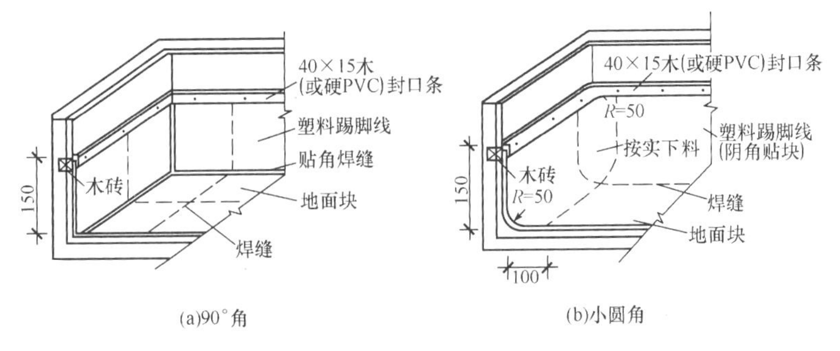

图 2—19　软质塑料地板踢脚板铺贴(单位:mm)

(6)擦光上蜡

铺贴好塑料地面及踢脚板后，用墩布擦干净、晾干，然后用砂布包裹已配好的上光软蜡，满涂1～2遍[重量配合比为软蜡：汽油＝100：(20～30)]，另掺1%～3%与地板相同颜色的颜料，稍干后用净布擦拭，直至表面光滑、光亮。

【技能要点2】硬质纤维地面的铺设

(1)板材分割

硬质木纤维板一般应按照地面大小和设计要求进行分块切割，在硬质木纤维板块表面刨刻"V"形槽，使纤维板面层形成方格形或其他形式的图案，如图2—20所示。房间四周边缘一般都有镶边。铺贴前，应根据事先计划的摊铺方案，按纤维板块尺寸弹线分格，定出板块拼铺接缝，纵横方向切实注意兜方，防止歪斜，四周镶边尺寸要一致。然后排放纤维板，个别部位进行拼裁。摊铺后检查高低、平整及对缝等方面的准确度，然后沿两个轴线方向用粉笔将板块顺序编号。墙边一般按实际或设计留出的宽度锯裁。

硬质木纤维板在铺贴前必须浸水24 h后晾干使用(如用温水浸泡，时间缩短)，以防止铺贴后产生膨胀变形。

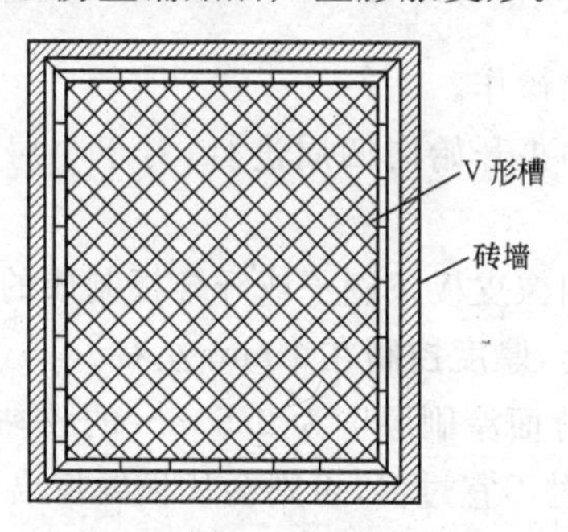

图2—20　硬质纤维板地面图案示例

(2)基层处理

硬质纤维板面层的基层，多采用水泥砂浆基层，或木屑水泥砂浆基层。要求基层坚实平整(用2 m直尺检查，其表面凹凸误差不超过3 mm)、洁净、干燥、不起灰、不起壳。基层抹面应使用强度等级不低于32.5级的水泥及中砂(最好用粗砂)，表面宜压平、压光，但也不宜很光滑。

1)木屑水泥砂浆应铺设在表面较为粗糙、洁净和稍有湿润的混凝土基层上。

2)木屑水泥砂浆层的厚度,一般不小于 25 mm。如为旧的或表面较光滑的混凝土楼地面时,应先凿毛,并冲洗干净。

3)应在混凝土基层上按水平做好标志块和标志筋,以控制砂浆层的厚度和平整度,防止产生波浪形或高低不平的现象。

4)刷一层水泥浆随铺木屑水泥砂浆,并用刮尺刮平。

5)待初凝后再用木抹子压实,打磨平整(切勿过多震动或频繁打磨,以免砂浆下沉、木屑上浮露面),用 2 m 直尺检查,允许空隙不得大于 2 mm。

6)铺抹木屑水泥砂浆层后,在常温下自然养护 7～10 d,待强度达到 8～10 MPa 时,方可铺贴硬质木纤维板。

7)拌制木屑水泥砂浆的水泥一般采用硅酸盐水泥、普通硅酸盐水泥或矿渣硅酸盐水泥。砂应用过筛的洁净中砂,木屑不得含杂物和霉烂木屑。

(3)板材铺贴

1)胶黏剂铺贴操作。

①先从房间中央开始向四周进行,对于小房间也可从房间里口向门口铺贴。

②将胶黏剂用橡皮板条刷子或纤维板制成的刮板涂刮在木屑水泥砂浆找平层上,厚度控制在 1 mm 左右。

a. 在纤维板背面涂刷厚度为 0.5 mm 的胶黏剂;

b. 刷胶黏剂时不宜过多,否则会从板缝挤出;

c. 待静停 5 min 后(待挥发性气体挥发掉,用手摸不粘手为度)。

③按所弹线和编号依次铺贴,并擦净外溢的胶黏剂。

④用长 20 mm、直径 1.8 mm 的铁钉或鞋钉(钉帽预先敲扁)钉入板四边和“V”形槽内固定、加压,钉子的间距一般为 60～100 mm。

⑤板与结合层之间黏结应牢靠,不得有空鼓现象,以敲击测定

时无起壳声为准。为减少日后纤维板的胀缩对地面的影响，板的缝隙宽度应控制在 1～2 mm 为宜。

2）沥青胶泥铺贴操作。

①刷冷底子油。基层必须干燥清洁，冷底子油不要有漏刷现象。一般干燥时间在 12 h 以内。

②用热沥青胶泥进行铺贴。铺贴顺序一般从房间中心点开始，对准方位，按标记顺序向四周扩展。小房间可按所弹中线向两边铺贴，逐排铺贴退至走廊。

根据所铺板块面积，迅速将热沥青浇在地面基层上，薄薄匀开，使其自然流淌，然后稍事静停（不超过 1 min），待气泡基本逸尽，即趁热铺放。若基层平整度较好，静停时间可短些；若基层平整度稍差，则静停时间应稍长。局部低洼处可用黏结层厚度来找平，黏结层的厚度一般不大于 2 mm。

铺放时，应迅速而平稳地将硬质木纤维板按在已摊铺好胶泥的位置，并与相邻板边的接缝平直对齐，缝宽要均匀，以 1 mm 为宜，边角要垂直。随即自中间向周边上人踩压，往复压平压实。待大面积基本踩实后，立即敲击检查全部板面，对发出空壳声的部位要再加压踩实，务使其结合良好，周边也应注意不得有漏贴。对拼缝及边角处外溢的沥青胶泥，应及时趁热刮除。对滴在板面上的污迹，可用棉纱加少量汽油擦拭。由于基层或铺贴等方面的影响，造成板间接缝局部出现高低差时，可用木工平刨刨平，此项工作一般是在沥青胶泥凝固后刨分格缝之前进行。

③刨缝分格。对于整张铺贴的纤维板地面，应根据整块尺寸定出方格尺寸后，在地面上划出方格（一般为 333 mm×333 mm 或 500 mm×500 mm），以增加地面的美感。在分格弹线之后，用特制的木工"V"形刨刀沿线靠直尺刨出宽 3 mm、深 2～3 mm 的"V"形槽缝。刨刀应锋利，刨出的槽缝应平滑，局部毛糙处，应以细砂纸打磨光洁。

（4）表面处理

为了增强硬质木纤维板地面的防水性能及美观效果，在其面层粘贴后 1～2 d，胶黏剂已呈硬化，在干燥和洁净的条件下，进行表面处理。一般先用油灰批嵌钉眼，待嵌料干硬后，即可用 1 号或 1.5 号水砂纸打磨，并除去灰尘，用涂料罩面。

【技能要点 3】木地板的铺设

(1)地板用量计算

地板，假设有一房间长 3.6 m、宽 3.3 m，用 90 cm×9 cm×1.8 cm的地板，求需用地板多少平方米。测算步骤如下：

1)确定地板的走向，以 3.6 m 的方向为纵向铺设方向，于是纵向需用地板＝3.6÷0.9＝4 块。

2)计算横向要用几排地板，以 3.3 m 除以 0.09，于是横向需用地板＝3.3÷0.09＝36.67≈37 块。

注意，遇除不尽，要用进位法，不可四舍五入，但纵向上不到半块算半块，超过半块算一块。

3)计算总的用量：总共需用地板＝37×4＝148 块。

4)计算面积总值：地板总需面积＝148×0.9×0.09＝11.988 m^2。

5)计算材料(地板)的总价(假设地板 150 元/m^2)：地板总价＝11.988×150＝1 798.20 元。

6)计算损耗和损耗率

地板损耗＝地板面积－住房面积

＝11.988－3.6×3.3＝0.108 m^2

地板损耗率＝地板损耗÷住房面积

＝0.108÷(3.6×3.3)≈1%

考虑房子建筑误差(不呈长方形而是呈菱形)，加上一排地板即 4 块，共计损耗面积：

0.108＋4×0.9×0.09＝0.432 m^2

损耗率：0.432÷(3.3×3.6)＝3.6%

由此看来，一般铺设地板其损耗不会大于 5%这个参数，对控制费用识破预算中的陷阱是非常有用的。

对于地板搁栅，有一个很好记忆的计算方法，即若以 3 cm×

5 cm按标准(每30 cm一档)排列,则每平方米要用料不到0.01 m^3(含损耗,实际为0.006 m^3),即10 m^2 的房间用0.1 m^3 的木料做搁栅已绰绰有余,如果搁栅木料830元/m^3,则每平方米的搁栅材料价不到8.30元,加上其他辅料,材料10元/m^2,已足够了,因此,对于地板,其辅料可以用10元/m^2 进行估算(此法适用上海地区,其他地区可按每平方米房间用0.01 m^3 木料进行估算)。

(2)木基层施工

1)架空式木基层。

其施工要求如下:

①地垄墙(或砖墩)。地垄墙(或砖墩)一般采用烧结普通砖、水泥砂浆或混合砂浆砌筑。顶面须铺一层防潮层,其基础应按设计要求施工,地垄墙间距一般不宜大于2 m,以免木搁栅断面过大。

②垫木(包括压檐木)。垫木应按设计要求作防腐处理,厚度一般为50 mm,可沿地垄墙通长布置,用预埋于地垄墙中的8号铅丝绑扎固定。

③木搁栅。木搁栅的作用主要是固定与承托面层,其表面应作防腐处理。木搁栅一般与地垄墙成垂直摆放,间距一般为400 mm。安装时,先核对垫木(包括压檐木)表面水平标高,然后在其上弹出木搁栅位置线,依次铺设木搁栅。木搁栅离墙面应留出不小于30 mm的缝隙,以利隔潮通风。木搁栅的表面应平直,安装时要随时注意从纵横两个方向找平。

④剪刀撑。剪刀撑布置于木搁栅两侧面,间距按设计规定。设置剪刀撑的作用主要是增加木搁栅的侧向稳定,将各根单独的搁栅连成整体,也增加了整个楼面的刚度,还对木搁栅的翘曲变形起一定的约束作用。

⑤毛地板。双层木地板的下层称为毛地板。一般是用宽度不大于120 mm的松、杉木板条,在木搁栅上部满钉一层。铺设时必须将毛地板下面空间内的杂物清除干净,否则,一旦铺满,便较难清理。毛地板一般采用与木搁栅成30°或45°角斜向铺设,但当采用硬木拼花人字纹时,则一般与木搁栅成垂直铺设。铺设时,毛板

条应使髓心向上，以免起鼓，相邻板条间缝不必太严密，可留有 2～3 mm的缝隙，相邻板条的端部接缝要错开。

2）搁栅的布置形式。

①有地垄墙空铺地板搁栅。有地垄墙空铺地板的搁栅布置与固定方法，如图 2—21 所示。它由地垄墙、沿缘木、搁栅和剪刀撑等部分组成。

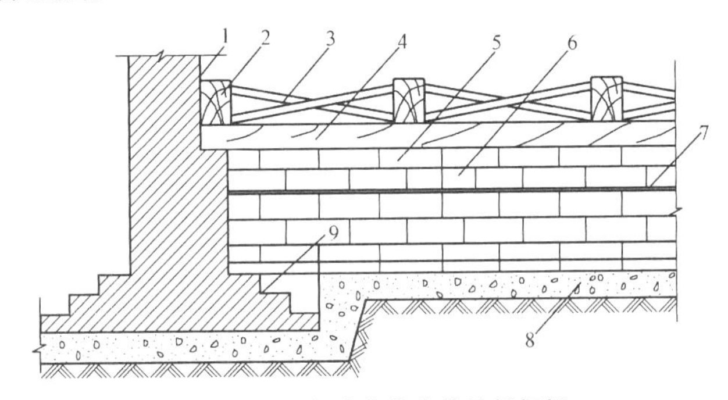

图 2—21　有地垄墙空铺地板搁栅

1—墙；2—搁栅；3—剪刀撑；4—沿缘木；5—地垄墙；6—通风口；7—防潮层；8—碎砖三合土；9—大放脚

②无地垄墙空铺地板搁栅。无地垄墙空铺地板搁栅的布置与固定方法，如图 2—22 所示。它由沿缘木、搁栅和剪刀撑等部分组成。

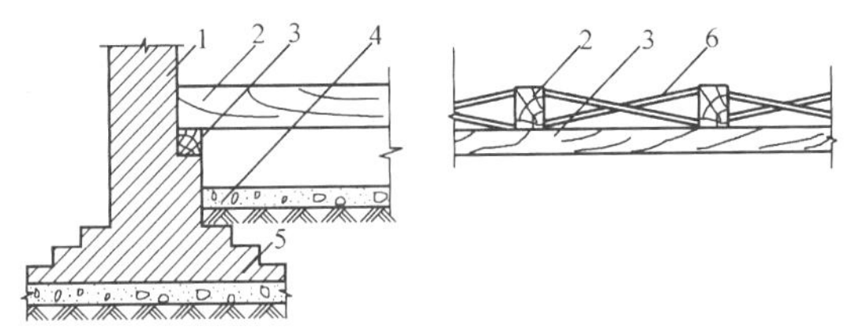

图 2—22　无地垄墙空铺地板搁栅

1—墙；2—搁栅；3—沿缘木；4—碎砖三合土；5—大放脚；6—剪刀撑

③有砖墩空铺地板搁栅。有砖墩空铺地板搁栅的布置与固定方法，如图 2—23 所示。它与有地垄墙空铺地板搁栅的差别是，用砖墩代替了地垄墙。

④楼板空铺地板搁栅。在预制空心楼板上空铺木地板搁栅布置及固定方法，如图 2—24 所示。楼板上空铺木地板的搁栅两端

插入承重墙的墙洞内，搁栅之间以平撑或剪刀撑撑固。当搁栅断面较大时用剪刀撑，断面较小时用水平撑。

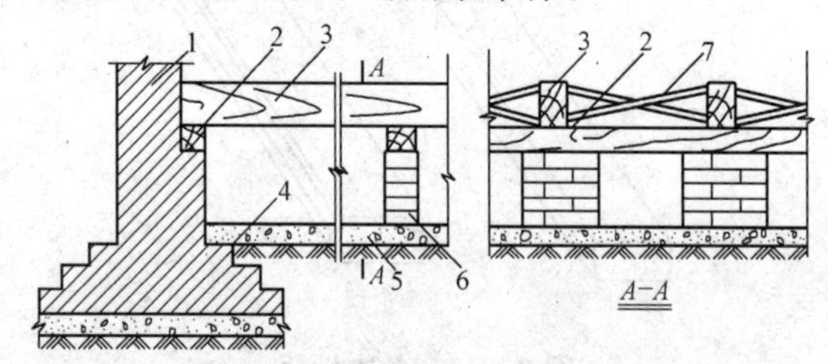

图 2—23　有砖墩空铺地板搁栅

1—墙；2—沿缘木；3—搁栅；4—大放脚；5—碎砖三合土；6—砖墩；7—剪刀撑

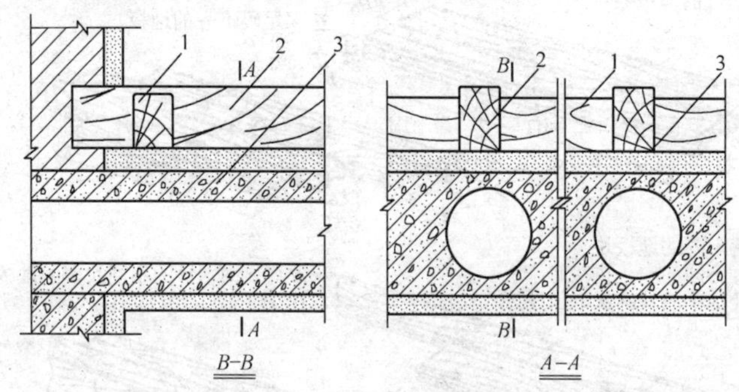

图 2—24　楼板上空铺地板搁栅

1—横撑(水平撑)；2—搁栅；3—空心楼板

木地板简介

1. 条木地板

条木地板是使用最普遍的木质地面，常选用松木、水曲柳、枫木、柚木、榆木等硬质木材。材质要求耐磨，不易腐蚀，不易变形开裂。条木地板可分为平口地板和企口地板(又称错口地板、榫接地板或龙凤地板)，如图 2—25 所示，其构造做法如图 2—26 所示。

平口地板常见规格：200 mm×40 mm×12 mm、250 mm×50 mm×10 mm、300 mm×60 mm×10 mm。

企口地板常见规格：小规格：200 mm×40 mm×(12～15)mm、250 mm×50 mm×(15～20)mm；大规格：(400～1 200)mm×(50～120)mm×(15～120)mm。

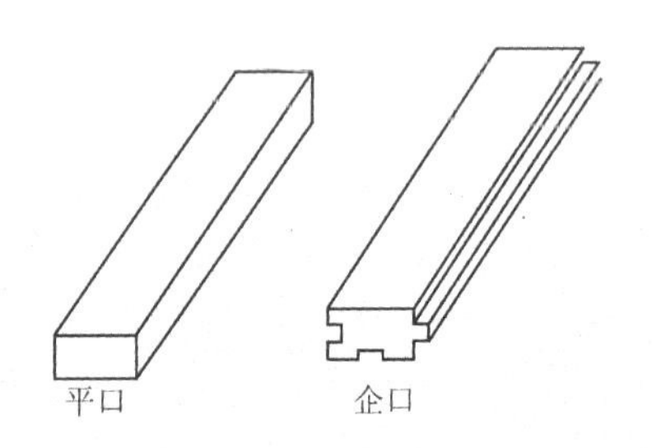

图 2—25 条木地板

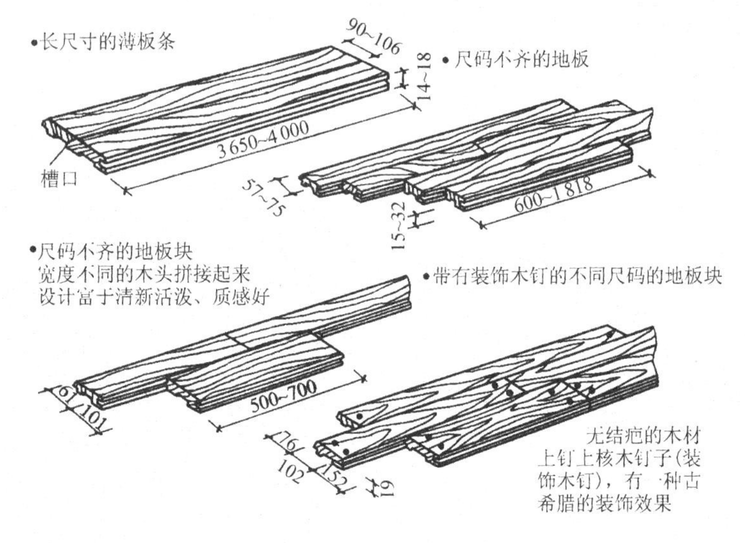

图 2—26 条木地板构造做法(单位:mm)

(1)平口木地板具有以下优缺点。

1)原材料来源丰富(小径材,加工剩余的小材、小料),出材率高,设备投资低,因此其成本价相对低廉。

2)用途广。它不仅可作为地板,也可作拼花板,墙裙装饰以及天花板吊顶等室内装饰。

3)该地板生产属劳动密集型,为开辟就业之路,提高木材综合利用开辟了广阔天地。

4)平口地板铺设简单，一般采用与地面基层直接黏结的方式，施工成本低，一般消费者都能承受。

5)地板加工精度比较高，相邻之间必须互相垂直，纵向尺寸只允许有负公差，拼装后缝隙与加工精度有关。

6)整个板面观感尺寸较碎，图案显得零散。

(2)企口木地板具有以下优缺点。

1)企口木地板与平口地板相比较，结合紧密，脚感好，工艺成熟，可用简单的设备操作，也可用专用设备生产。加工工艺较平口地板复杂，价格较贵。

2)企口木地板常用的铺设方法有以下三种：

①小于 300 mm 的企口地板可采用直接用胶粘法；

②大于 400 mm 的企口地板，必须采用龙骨铺设法；

③双企口地板采用不粘胶悬浮铺设法，拆装搬迁灵活方便，有损坏时，修补也方便。

2. 拼木地板

拼木地板是一种高级的室内地面装修材料，是一种工艺美术性极强的高级地板。常选用水曲柳、核桃木、栎木、柞木、槐木和柳木等木材。拼木地板又称木质马赛克，它的款式多样，拼装图案如图 2—27 所示。

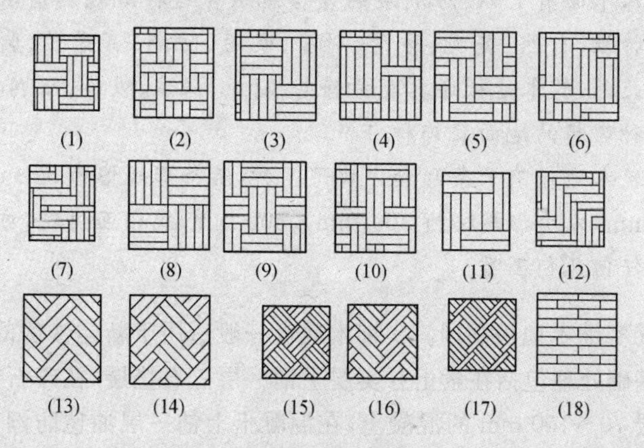

图 2—27　拼装图案

拼花板有较高的加工性和观赏艺术性，能充分体现设计者的艺术技巧和风格，具有如下特点。

(1)观赏效果好。可根据设计要求和环境相互协调，体现室内装饰格调的一致性和高档性，既典雅大方，又浪漫抽象。

(2)投资少、见效快、利润高，属劳动密集型产品。

(3)图案多变，工艺性强。

(4)原料丰富，出材率、利用率高。

(5)工艺设计应变性较高，大批量生产有困难。

(6)由于不同树种的拼合，木材含水率要严格控制，稍有不慎，就成废品。

3. 曲线木地板

曲线木地板通常均为长条形，它充分考虑了木材本身的材性，较好地解决了木地板受潮后引起的起拱变形的弊端，而且保证了槽与榫之间的咬合力远远大于条形木地板，因此备受消费者的喜爱。

4. 软木地板

软木地板是将软木颗粒用现代工艺技术压制成规格片块，表面有透明的树脂耐磨层(一般生产厂家保证产品有10年耐磨年限)，下面有PVC防潮层的复合地板。这种地板具有软木的优良特性，自然、美观、防滑、耐磨、抗污、防潮、有弹性、脚感舒适。此外，软木地板还具有抗静电、耐压、保温、吸声、阻燃功能，是一种理想的地面装饰材料。

软木地板有长条形和方块形两种，长条形规格为900 mm×150 mm，方块形规格为300 mm×300 mm，能相互拼花，亦可切割出任何几何图案。

⑤实铺木地板搁栅。实铺木地板一般适用于新建楼房的底层。它的基础处理包括在素土夯实层上铺一层碎石垫层，在碎石垫层上抹一层70～100 mm的混凝土，在混凝土上铺一层油毡防潮。实铺木地板的搁栅，如图2—28所示。它由梯形搁栅、平撑及炉渣层

组成。

3)空铺法。

在砖砌基础墙上和地垄墙上垫放通长沿缘木,用预埋的钢丝将其捆绑好,并在沿缘木表面划出各搁栅的中线,然后将搁栅对准中线摆好。端头离开墙面约 30 mm 的缝隙,依次将中间的搁栅摆好。当顶面不平时,可用垫木或木楔在搁栅底下垫平,并将其钉牢在沿缘木上。

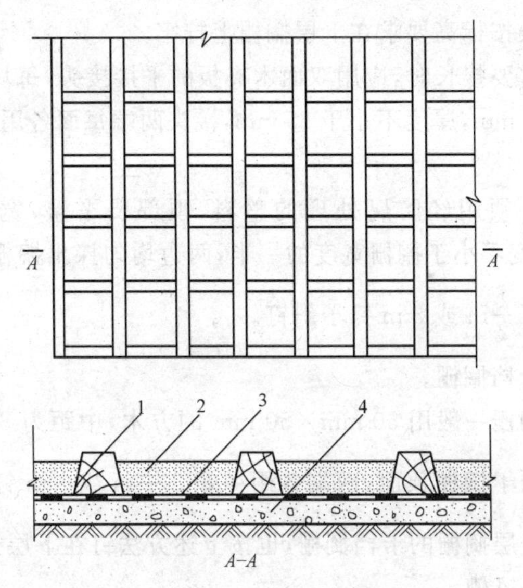

图 2—28　实铺木地板搁栅

1—梯形搁栅;2—炉渣层;3—油毡;4—碎石及混凝土层

为防止搁栅活动,应在固定好的木搁栅表面临时钉设木拉条,使之互相牵拉着,搁栅摆正后,在搁栅上按剪刀撑的间距弹线,然后按线将剪刀撑钉于搁栅侧面,同一行剪刀撑要对齐顺线,上口齐平。

4)实铺法。

铺钉前先用平刨将龙骨刨平刨光。铺钉搁栅间距单层为 400 mm;双层搁栅的下层为 800 mm,上层为 400 mm。铺钉顺序:先四周后中心,四周搁栅钉在木砖上,其余搁栅架在钢筋鼻子上,用双股 12 号铅丝与之绑牢,捆绑处搁栅刻槽深度不大于 10 mm,

铅螺纹拧在搁栅侧面。搁栅绑好后，表面在要求的标高位置用大杠找平，不平处用撬棍将搁栅往上撬起，并在搁栅与基层混凝土间的架空部分靠铅丝捆绑处两边加木垫直至搁栅上平为止。

预埋件为螺栓时，根据螺栓位置先在搁栅上钻孔，将搁栅套在上面，在螺栓两侧用木垫将搁栅按标高垫平，然后在搁栅顶面加铁垫将螺母拧紧，最后用大杠在搁栅面上检查找平。双层搁栅的上下搁栅应互相垂直铺设，下层搁栅铺钉合格后，上层搁栅应用3 in木螺丝逐根按标高要求在下层搁栅上拧牢。

搁栅需要接长时，应用双面木夹板的平接接头，每块夹板长度不小于 600 mm，厚度不小于 25 mm，接头两端每面各用 3 颗3 in钉子钉牢。

木垫必须用经防腐处理的整料，顶部要平整，宽度不小于 50 mm，长度不小于搁栅宽度的一半，两边均匀探出搁栅外。木垫与搁栅用 $2\frac{1}{2}$in 或 3 in 钉子斜钉。

5)钉卡档搁栅。

卡档搁栅一般用 50 mm×50 mm 的方木，中距为 800 mm，卡档表面应低于搁栅顶面，两端各用一颗 $2\frac{1}{2}$in 或 3 in 钉子斜钉钉牢。如为双层搁栅的卡档搁栅，也按上述方法钉在下层搁栅间。

6)刻通风槽。

通风槽的间距为沿搁栅长向不大于 1 m，每条槽的宽度为 20 mm，深度不大于 10 mm，在搁栅表面用锯及凿子逐根凿出。

7)铺隔音板。

先清除搁栅之间的刨花、垃圾等杂物，隔音层材料按设计要求并经干燥处理，铺设厚度比搁栅面低 20 mm 以上。

(3)面层施工

1)条板铺钉。

空铺的条板铺钉方法为剪刀撑钉完之后，可从墙的一边开始铺钉企口条板，靠墙的一块板应离墙面有 10～20 mm 的缝隙，以后逐块排紧，用钉从板侧凹角处斜向钉入，钉长为板厚的2～2.5倍，钉帽要砸扁，企口条板要钉牢、排紧。板的排紧方法一般可在木搁栅上钉扒钉一只，在扒钉与板之间夹一对硬木楔，打紧硬木楔就可以使板排紧。钉到最后一块企口板时，因无法斜着钉，可用明钉钉牢，钉帽要砸扁，冲入板内。企口板的接头要在搁栅中间，接头要互相错开，板与板之间应排紧，搁栅上临时固定的木拉条，应随企口板的安装随时拆去，铺钉完之后及时清理干净，先依垂直木纹方向粗刨一遍，再依顺木纹方向细刨一遍。

实铺条板铺钉方法同上。如图2—29所示的为家庭常用的一种条形地板铺钉方法，是将条形地板直接铺钉在搁栅上。

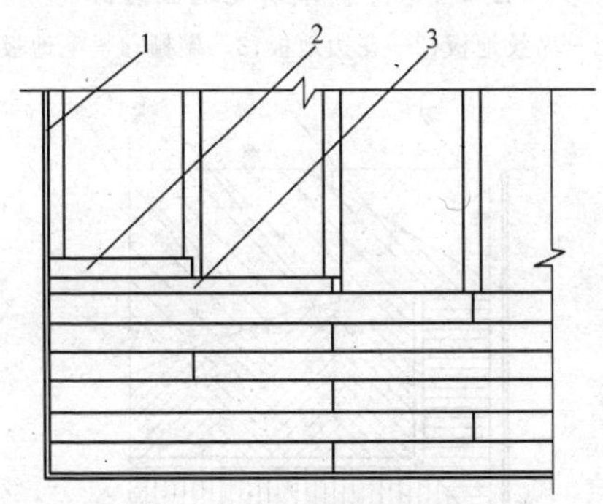

图2—29　条形地板铺钉

1—搁栅；2—短地板条；3—长地板条

2)席纹地板铺钉。

席纹地板适用于机关会议室、接待室和家庭室内装饰。席纹地板所用地板条同人字纹地板相同，是一种四周开有榫舌和榫槽的企口地板，一般用水曲柳、青冈木、柞木等硬杂木制作，其做法如图2—30所示。

3)人字纹地板铺钉。

人字纹地板一般适用于会议室、接待室及家庭居室装饰。人字纹地板一般长度比较短，不大于300 mm，净长为净宽的整倍数。地板的一个边和一个端头开有榫槽，另一边和另一端为榫舌，其做法如图2—31所示。

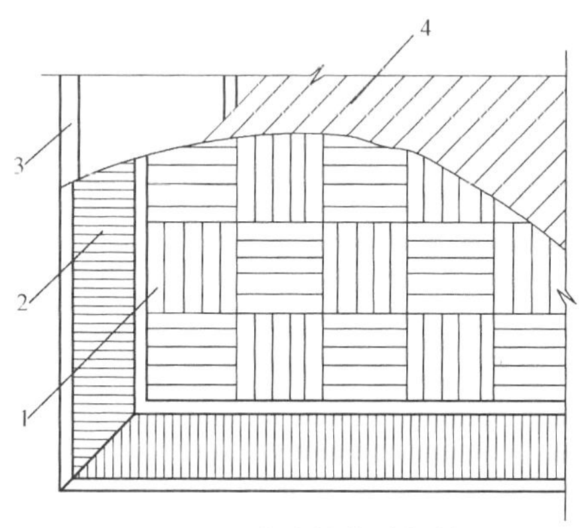

图 2—30　席纹拼花地板铺钉

1—席纹地板；2—花边地板；3—搁栅；4—毛地板

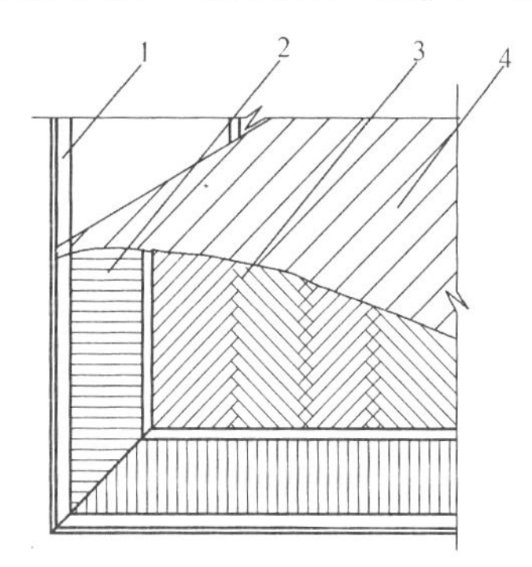

图 2—31　人字纹地板铺钉

1—搁栅；2—花边地板；3—人字纹地板；4—毛地板

4)斜方块纹地板的铺钉。

斜方块纹地板的适用范围同席纹拼花地板。如图 2—32 所示的为斜方块纹地板的铺钉方法。

5)毛地板铺钉。

硬木地板下层一般都钉毛地板，可采用纯棱料，其宽度不宜大于 120 mm，毛地板与搁栅成 45°或 30°方向铺钉，并应斜向钉牢，板间缝隙不应大于 3 mm，毛地板与墙之间应留 10～20 mm 缝隙，每块毛地板应在每根搁栅上各钉两个钉子固定，钉子的长度应为板厚的 2.5 倍。铺钉拼花地板前，宜先铺设一层沥青纸(或油毡)，以用来隔声和防潮。

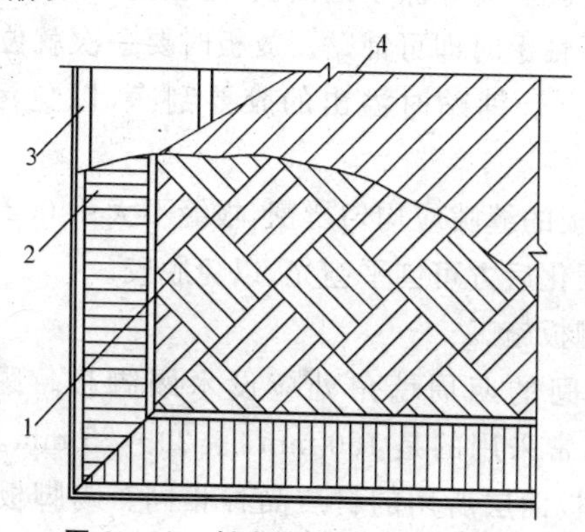

图 2—32 斜方块纹拼花地板铺钉

1—斜方块地板;2—花边地板;3—搁栅;4—毛地板

在铺钉硬木拼花地板前,应根据设计要求的地板图案,一般应在房间中央弹出图案墨线,再按墨线从中央向四边铺钉。有镶边的图案,应先钉镶边部分,再从中央向四边铺钉,各块木板应相互排紧。对于企口拼装的硬木地板,应从板的侧边斜向钉入毛地板中,钉头不要露出;钉长为板厚的 2～2.5 倍,当木板长度小于 30 cm时,侧边应钉两个钉子,长度大于 30 cm 时,应钉入 3 个钉子,板的两端应各钉 1 个钉固定。板块间缝隙不应大于 0.3 mm,面层与墙之间缝隙,应以木踢脚板封盖。钉完后,清扫干净刨光,刨刀吃口不应过深,防止板面出现刀痕。

6)木地板的粘贴。

在旧楼房或已将楼层地面抹平的新建住房内铺设木地板还可采用粘贴法。粘贴所用地板条以长度在 300 mm 以内的短小地板最为适宜。粘贴用胶黏剂为市面上销售的各种牌号的地板胶。

粘贴前应先在基层上涂一层底子胶,待底胶干后在上面弹出边线。底子胶是以所用胶黏剂加入一定量的稀释剂调配而成。

按照设计图案和弹线将地板配好预铺一遍,然后按铺装顺序一行行拆除码好,后铺的放在下面,先铺的放在上面。也可现铺现配。前一种方法粘铺时间集中,便于快涂快铺。

铺贴时，将胶均匀地涂于地面上，地板条的背面也要均匀地涂一层胶，待胶不粘手时即可铺贴。放板时要一次就位准确，用橡胶锤将其敲实敲严。铺贴时溢出的胶要刮净，以免污染地板条的表面。

拼花木地板的缝隙应均匀严密，板缝不大于 0.2 mm。地板铺贴完毕，待胶固化后方可刨平刨光，以免脱胶。

(4)木踢脚板施工

木地板房间的四周墙角处应设木踢脚板。踢脚板一般高 100～200 mm，常采用的是 150 mm，厚 20～25 mm。所用木材一般也应与木地板面层所用的材质品种相同。踢脚板预先抛光，上口抛成线条。为防翘曲在靠墙的一面应开槽；为防潮通风，木踢脚板每隔 1～1.5 m 设一组通风孔，孔径一般为 6 mm。一般木踢脚板于地面转角处安装木压条或圆角成品木条。

木地板按其面层不同，分为普通木地板和拼花木地板。普通木地板的木板面层是采用不易腐朽、不易变形和开裂的软木树材(常用的有红松、云杉等)加工制成的长条形木板，这种面层富有弹性，导热系数小，干燥并便于清洁。拼花木地板又称硬木地板，木料大多采用质地优良的硬杂木，如水曲柳、核桃木、柞木、榆木等，这种木地板坚固、耐磨、洁净美观，造价较高，施工操作要求也较高，故属于较高级的面层装饰工程。

木地板按其断面形状分为平口地板和企口地板；按铺装外形分为条形地板和拼花地板；按搁栅结构和固定方法分为实铺木地板和空铺木地板。其中，空铺木地板又可分为有地垄墙、无地垄墙、有砖墩和楼层等空铺木地板多种形式。按地板的铺装方式又有钉铺和粘铺两种。

钉平头踢脚板前，将靠墙的地板面先刨光刨平，然后根据墙的装修面，在地板面上弹好位置线，将木砖垫到和墙装修面平齐，再在踢脚板上口拉好直线，用 2 in 钉子将踢脚板和木砖钉牢。踢脚板接头时，应锯成 45°斜接，接头处用木钻上下钻两个小孔，再在孔上钉钉子。钉帽要砸扁，并冲入面层 2～3 mm。

企口踢脚板下带圆角线条和地板面层同时铺钉。钉踢脚线用 2 in钉子，钉在上下企口凹槽内按 35°角分别钉入木砖和搁栅内，钉子间距一般为 400 mm，上下钉位要错开，但踢脚线的阴阳角和按 45°方向斜接的接头处上下都要钉钉子。

钉企口踢脚板前，应根据已钉好的踢脚线（踢脚线离墙面 10～15 mm缝隙）将木砖垫平，将踢脚板的企口榫插入踢脚线上口的企口槽内，并在踢脚板上口拉直线，用 2 in 钉子与木砖钉平钉直，接头处上下各钉一个 2 in 钉子，踢脚板的接头应固定在防腐木块上。

常见的两种踢脚板如图 2—33 和图 2—34 所示，变形缝处做法如图 2—35 所示。

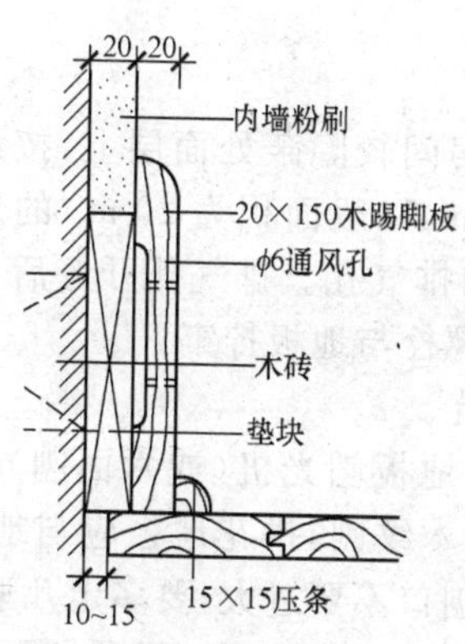

图 2—33　木踢脚板做法(一)(单位：mm)

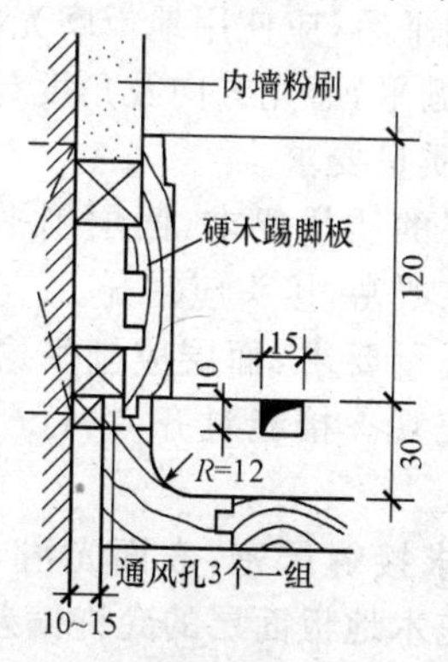

图 2—34　木踢脚板做法(二)(单位：mm)

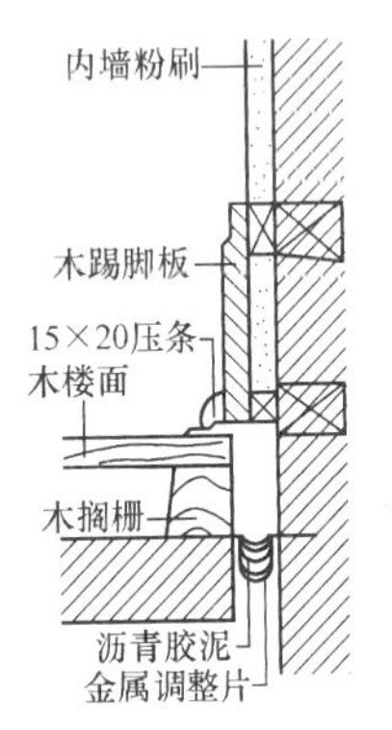

图 2—35　木踢脚板在变形缝处做法

(5)辅助措施

1)开排气孔。

踢脚板钉完，在房间较隐蔽处面层上，按设计要求开排气孔，孔的直径为 8～10 mm，一般面积为 20 m^2 的房间至少有 4 处，超过 20 m^2 时适当增加排气孔。排气孔开好后，上面加铝网及镀锌金属篦子，用镀锌木螺栓与地板拧牢。

2)净面细刨、磨光。

地板刨光宜采用地板刨光机(或六面刨)，转速在5 000 r/min 以上。长条地板应顺木纹刨，拼花地板应与地板木纹成 45°斜刨。刨时不宜走得太快，刨口不要过大，要多走几遍。地板机不用时应先将机器提起关闭，防止啃伤地面。机器刨不到的地方要用手刨，并用细刨净面。地板刨平后，应使用地板磨光机磨光，所用砂布应先粗后细，砂布应绷紧绷平，磨光方向及角度与刨光方向相同。

(6)木地板装钉的质量要求

1)条形木地板面层的质量要求：面层刨平磨光，无明显刨痕、戗槎和锤伤。板间缝隙严密，接头应错开。

2)拼花地板面层质量要求：面层应刨平磨光，无明显刨痕、戗槎和锤伤。图案清晰美观。接缝对齐，粘钉严密，缝隙均匀一致，表面洁净，无溢胶黏结。

3)踢脚板铺设要求接缝严密，表面光滑，高度和出墙厚度一致。条形木地板和拼花木地板面层的允许偏差和检验方法应符合表 2—3 的规定。

表 2—3　条形木地板、拼花木地板面层允许偏差

项次	项　目	允许偏差(mm)				检验方法
		木搁栅	松木长条地板	硬木长条地板	拼花木地板	
1	表面平整度	3	3	2	2	用 2 m 靠尺和楔形塞尺检查
2	踢脚线上口平直	—	3	3	3	拉 5 m 线，不足 5 m的拉通线检查
3	板面拼缝平直	—	3	3	3	
4	缝隙宽度大小	—	1	0.5	0.2	尺量检查

【技能要点 4】地毯铺设

(1)固定式(满铺)地毯铺设

1)固定式(满铺)地毯构造如图 2—36 所示。

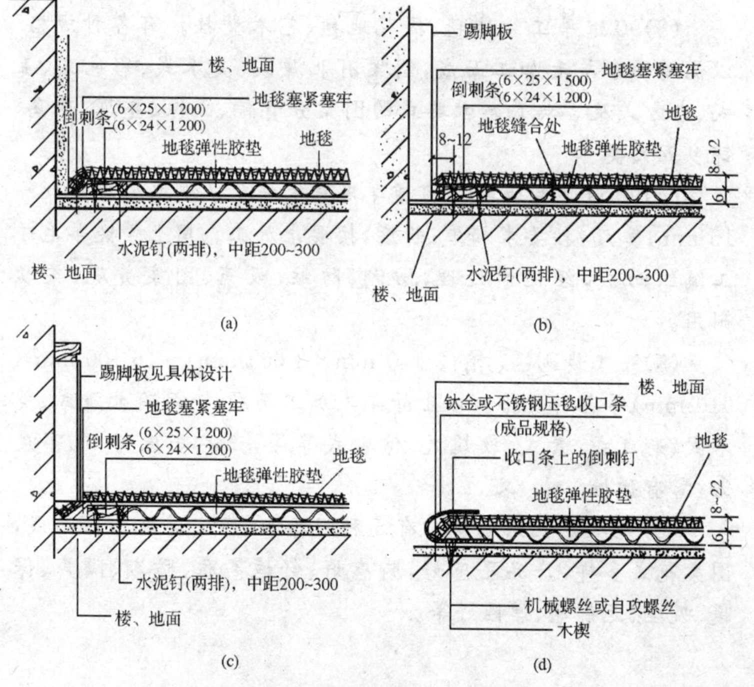

图 2—36　固定式(满铺)地毯构造(单位:mm)

2)基层处理:铺设地毯的基层表面应平整、干燥、洁净。平整度用 2 m 靠尺检查,最大空隙不应大于 4 mm;表层含水率不大于 9%。有落地灰等杂物的应铲除并打扫干净,有油迹等污染的。应用丙酮或松节油擦净。

地毯简介

(1)羊毛满铺地毯、电针绣检地毯、艺术壁挂。有各种规格,以优质羊毛加工而成,地毯可仿制传统手工地毯图案,古色古香。现代图案富有时代气息,艺术壁挂图案粗犷朴实,风格多样,价格仅为手工编织壁挂的 1/10～1/5。

(2)90 道手工打结地毯、素式羊毛地毯、高道数艺术壁挂。有(610 mm×910 mm)～(3 050 mm×4 270 mm)等各种规格,以优质羊毛加工而成,图案华丽、柔软舒适、牢固耐用。

(3)90 道手工结地毯、提花地毯、艺术壁挂。有各种规格,以优质西宁羊毛加工而成,图案有北濂式、美术式、彩色式、互式、东方式及古典式。古典式的图案分青铜、画像、蔓草、花鸟、锦乡五大类。

(4)90 道羊毛地毯、120 道羊毛艺术挂毯。规格为厚度:6～15 mm;宽度:按要求加工;长度:按要求加工。用上等纯羊毛手工编织而成,经化学处理,防潮、防蛀、吸声、图案美观、柔软耐用。

(5)手工栽地毯。有(2 140 mm×3 660 mm)～(6 100 mm×910 mm)等各种规格。以上等羊毛加工而成,产品有北濂式、美术式、彩色式、素式、敦煌式、仿古式等等,产品手感好,色牢度好,富有弹性。

(6)纯羊毛机织地毯。有 5 种规格,以西宁羊毛加工而成,图案花式多样,产品手感好,脚感好、舒适高雅、防潮、隔声、保暖、吸尘、无静电、弹性好等。

(7)90 道手工打结地毯、140 道精艺地毯、机织满铺羊毛地毯。有幅宽 4 m 及其他各种规格，以优质羊毛加工而成。图案花式多样，产品手感好、脚感好、舒适高雅、防潮、吸声保暖、吸尘等。

(8)仿手工羊毛地毯。有各种规格，以优质羊毛加工而成。款式新颖、图案精美、色泽雅致、富丽堂皇、经久耐用。

(9)纯羊毛手工地毯、机织羊毛地毯。有各种规格，以国产优质羊毛和新西兰羊毛加工而成。具有弹性好、抗静电、保暖、吸声、防潮等特点。

3)钉木(或金属)卡条：木(或金属)卡条应沿地面四周和柱脚的四周嵌钉，板上的小钉倾角应向墙面，板与墙面留有适当空隙，便于地毯掩边。在混凝土、水泥地面上固定采用钢钉，钉距宜300 mm左右，如地毯面积较大，宜用双排木(或金属)卡条，便于地毯张紧和固定。

4)铺衬垫：铺设弹性衬垫应将胶粒或波形面朝下，四周与木(或金属)卡条相接处宜离开 10 mm 左右，拼缝处用纸胶带全部或局部粘合，防止衬垫滑移。经常移动的地毯在基层上先铺一层纸毡以免造成衬垫与基层粘连。

5)裁剪地毯：地毯裁剪时，应按地面形状和净尺寸，用裁边机断下的地毯料每段要比房间长度多出 20～30 mm，宽度以裁去地毯的边缘后的尺寸计算。在拼缝处先弹出地毯的裁割线，切口应顺直整齐，以便于拼缝。

裁剪栽绒或植绒类地毯，相邻两裁口边应呈八字形，铺成后表面绒毛易紧密碰拢。在同一房间或区段内每幅地毯的绒毛走向应选配一致，将绒毛走向朝着背光面铺设，以免产生色泽差异。

裁剪带有花纹、条格的地毯时，必须将缝口处的花纹、条格对准吻合。

6)铺设地毯：将选配、裁剪好的地毯铺平，一端固定在木(或金属)卡条上，用压毯铲将毯边塞入卡条与踢脚之间的缝隙内。常用两种方法，一种是将地毯的边缘掖到卡条的下端，如图 2—37(a)所示；另一种方法是将地毯毛边掖到卡条与踢脚的缝隙内，如图 2—37(b)所示，避免毛边外露.影响美观。

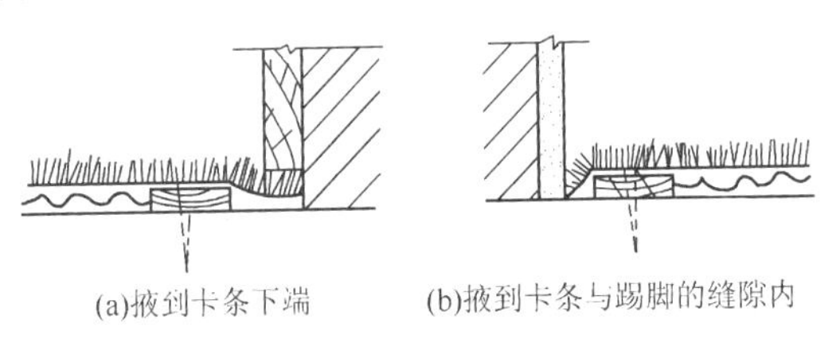

(a)掖到卡条下端　(b)掖到卡条与踢脚的缝隙内

图 2—37　地毯的边缘处理

铺设地毯时，还应使用张紧器(俗称地毯撑子)将地毯从固定一端向另一端推移张紧，用力应适度，防止用力过大扯破地毯，每张紧一段(约 1 m 左右)，使用钢钉临时固定，推到终端时，将地毯边固定在卡条上。

地毯的接缝，一般采用对缝拼接。当铺完一幅地毯后，在拼缝一侧弹通线，作为第二幅地毯铺设张紧的标准线。第二幅经张紧后，在拼缝处花纹、条格达到对齐、吻合、自然后，用钢钉临时固定。

薄型地毯可搭接裁割，在头一幅地毯铺设张紧后，后一幅搭盖头幅 30～40 mm，在接缝处弹线，将直尺靠线用刀同时裁割两层地毯，扯去多余的边条后，合拢严密，不显拼缝。

接缝粘合：将已经铺设的地毯侧边掀起，在接缝中间放烫带(接缝胶带)，其两端用木(或金属)卡条固定，用电熨斗将烫带的胶质熔化后，趁热用压毯铲将接缝辗平压实，使相邻的两幅连成整体。应掌握好电熨斗烫胶的温度，如温度过低，会使黏结不牢，如温度过高，易损伤烫带。

此外，地毯接缝也可采用缝合的方法，把两幅的边缘缝合连成整体。

7)毯边收口：地毯铺设后在墙和柱的根部，不同材质地面相接处以及门口等地毯边缘处应做收口固定处理。

墙和柱的根部：将地毯毛边塞进卡条与踢脚板的缝隙内。

不同材料地面相接：如地毯与大理石地面相接处标高近似的，

应镶铜条或者用不锈钢条,起到衔接与收口的作用,如图 2—38 所示。

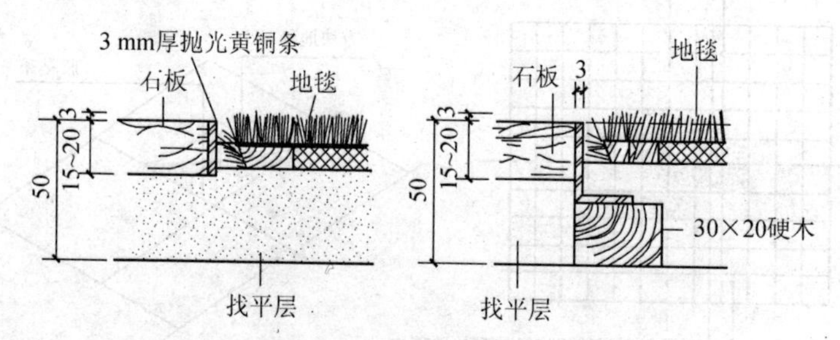

图 2—38 不同材质地面相接处的收口处理(单位:mm)

门口与出入口处:铺地毯的标高与走道、卫生间地面的标高不一致时,在门口处应设收口条。用收口条压住地毯边缘显得整齐美观。地毯毛边如不作收口处理容易被行人踢起,造成卷曲和损坏,有损室内装饰环境。

8)修整、清理:地毯铺设完成后要全面检查一次,如有飞边现象,应用压毯铲将地毯的飞边塞进卡条与踢脚的空隙内,使毯边不得外露,接缝处有绒毛凸出的,应使用剪刀或电铲修剪平整;临时固定用的钢钉应予拔掉;用软毛扫帚清扫毯面上的杂物,用吸尘器清理毯面上的灰尘。

加强成品保护,在出入口处安放地席或地垫,准备拖鞋,以避免和减少污物、泥砂等带进室内。在人流多的通道、大厅等部位,应铺盖塑料布、苫布等加以保护,以确保施工质量。

9)采用粘贴方式铺设地毯时,铺设前,应在基层上进行弹线找方,房间靠进门的一边应铺设整块地毯。

铺贴时胶黏剂不需满涂,仅在地毯的四周边角和中间部位作散点状涂刷即可。

(2)活动式(方块)地毯铺设

1)活动式(方块)地毯构造,如图 2—39 所示。

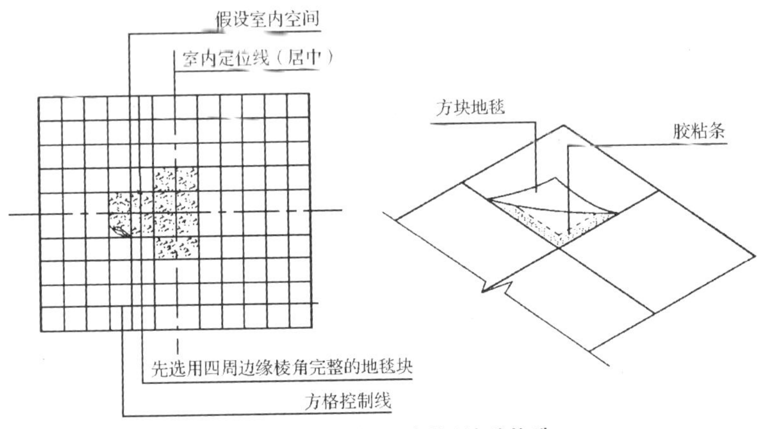

图 2—39　活动式(方块)地毯构造

2)基层清理:基层要求同“固定式地毯铺设”。

3)弹控制线:根据房间地面的实际尺寸和地毯的实际尺寸,在基层表面弹出铺设控制线,线迹应正确清楚。进门的一侧应铺设整块地毯,不够整块的应铺设于房间的次要一边或放置家具的一边,以提高地面的装饰效果。

4)浮铺地毯:按控制线由中间开始向两边铺设。铺设前应对地毯块进行挑选,对四周边缘棱角有缺陷的应予剔出,用于地面边角处或不明显处,或裁割后用于非整块处。铺设时应注意一块靠一块挤紧,经使用一段时间后,使块与块密合,不显拼缝。

铺放时,应注意绒毛方向,通常的做法是将一块的绒毛顺光,接着另一块的绒毛逆光,使绒毛方向交错布置,使表面呈现出一块明一块暗,明暗交叉铺设,富有艺术效果。

5)黏结地毯:在人们活动比较频繁的地面上作活动式地毯铺设时,在基层上宜采用散点式形式涂刷胶黏剂,以增加地毯的稳固性,防止被行人踢起。

地毯铺设完成后,应加强成品保护,保护措施与固定式地毯铺设相同。

(3)楼梯地毯铺设

1)基层清理:将基层清理、打扫干净,阳角有损坏处用水泥砂浆修补完整。

2)加设固定件:楼梯上固定地毯的固定件有木(或金属)卡条和地毯棍两种形式。木(或金属)卡条固定在踏级的阴角处,卡条上的钉子要朝向阴角,两卡条之间应留 15～20 mm 左右的空隙。地毯棍可采用 ϕ18 mm 无缝钢管镀铬或铜管抛光,固定在踏级阴角的踏级板上,如图 2—40 所示。

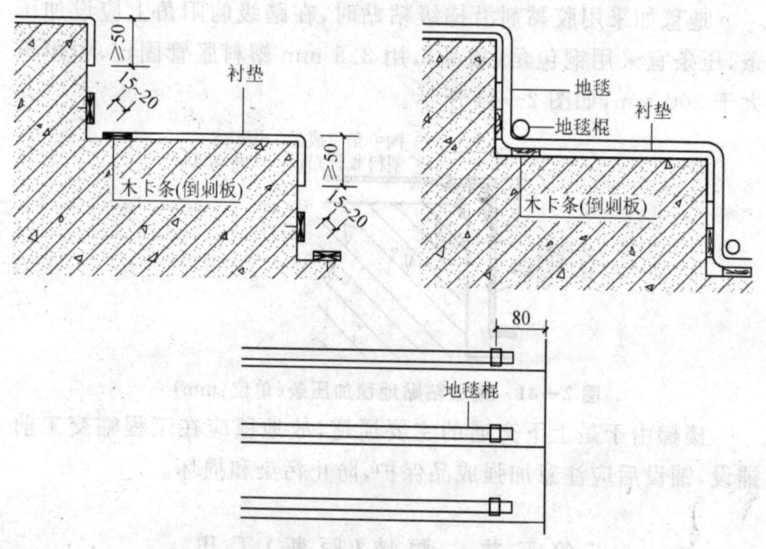

图 2—40　楼梯地毯的铺装做法(单位:mm)

铺设地毯的楼梯踏级,在作水泥砂浆面层粉刷时,宜将踏级的踢板适当作向里倾斜,预制水泥混凝土踏级和木楼梯踏级,宜作钩脚(即踏级阳角边缘凸出一部分)处理。使行人上下楼梯时,有一个较宽松的感觉。

3)铺贴衬垫:弹性衬垫铺贴在踏脚板上,其宽度应超过踏脚板 50 mm 以上做包角用。

4)铺设地毯:地毯铺设从每个楼梯的最高一级铺起,由上而下逐级进行。起始的接头留在顶级平台适当位置钉牢,在每个梯级的阴角处将地毯绷紧与卡条嵌挂,或者穿过地毯棍。

地毯长度按照踏级的高度与宽度之和乘以楼梯级数所得尺

寸，如考虑地毯使用后需转换易磨损部位时，宜再加长 300～400 mm作预留量。

待铺至最后阶梯时，将地毯的预留量向内折叠钉在底级的踢板上，以便日后转移地毯的磨损部位转换。

5)钉防滑条：在踏级阳角边缘安装防滑条，防滑条宜用不锈钢膨胀螺钉固定，钉距 150～300 mm，以稳固不松动为宜。

地毯如采用胶黏剂沿梯级粘贴时，在踏级的阳角上应设加压条，压条宜采用铜包角(成品)，用 3.5 mm 塑料胀管固定，中距不大于 300 mm，如图 2—41 所示。

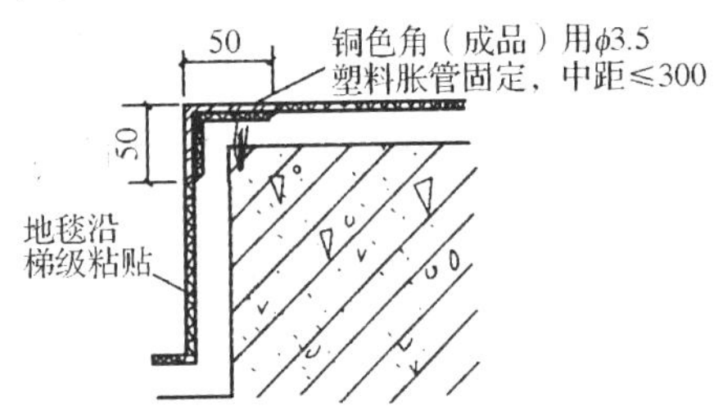

图 2—41　踏级粘贴地毯加压条(单位：mm)

楼梯由于是上下交通的主要通道，故地毯应在工程临交工前铺设，铺设后应注意加强成品保护，防止污染和损坏。

第三节　隔墙(隔断)工程

【技能要点 1】板条木隔墙

(1)弹线定位

在楼地面上弹出隔墙的边线，并用线坠将边线引到两端墙上，引到楼板或过梁的底部。根据所弹的位置线，检查墙上预埋木砖，检查楼板或梁底部预留钢丝的位置和数量是否正确，如有问题及时修理。

(2)钉立筋

钉靠墙立筋，将立筋靠墙立直，钉牢于墙内防腐木砖上。再将上槛托到楼板或梁的底部，用预埋钢丝绑牢，两端顶住靠墙立筋钉固。将下槛对准地面事先弹出的隔墙边线,两端撑紧于靠墙立筋底部,而后,在下槛上划出其他立筋的位置线。

安装立筋,立筋要垂直,其上下端要顶紧上下槛,分别用钉斜向钉牢。然后在立筋之间钉横撑,横撑可不与立筋垂直,将其两端头按相反方向稍锯成斜面,以便楔紧和钉钉。横撑的垂直间距宜1.2～1.5 m。在门樘边的立筋应加大断面或者是双根并用,门樘上方加设人字撑固定。

中间立筋安装前,在上下槛上按400～500 mm间距画好立筋位置线,两端用圆钉固定在上、下槛上。立筋侧面应与上下槛平齐。如有门窗时,钉立筋时应将门窗框一起按设计位置立好。

(3)钉横筋

横筋钉子相邻立筋之间,每隔1.2～1.5 m钉一道。

横筋不宜与立筋垂直,而应倾斜一些,以便楔紧和着钉。因此横筋长度应比立筋净空长10～15 mm,两端头应锯成相互平行的斜面,相邻两横筋倾斜方向相反。同一层横筋高度应一致,两端用斜钉与立筋钉牢。

如隔墙上有门窗,门窗框梃应钉牢于立筋上,门窗框上冒上加钉横筋和人字撑。

(4)钉灰板条

灰板条钉在立筋上,板条之间留7～10 mm空隙,板条接头应在立筋上并留3～5 mm空隙。板条接头应分段错开,每段长度不宜超过500 mm。

【技能要点2】板材隔墙

(1)弹线

施工时应先在地面、墙面、平顶弹闭合墨线。

(2)安装上下槛

用铁钉、预埋钢筋将上下槛按墨线位置固定牢固,当木隔墙与砖墙连接时,上、下槛须伸入砖墙内至少12 cm。

(3)立筋定位、安装

先立边框墙筋,然后在上下槛上按设计要求的间距画出立筋位置线，其间距一般为40～50 cm。如有门口时，其两侧需各立一根通天立筋，门窗樘上部宜加钉人字撑。立撑之间应每隔1.2～1.5 m左右加钉横撑一道。隔墙立筋安装应位置正确、牢固。

(4)横楞安装

横楞须按施工图要求安装，其间距要配合板材的规格尺寸。横楞要水平钉在立筋上，两侧面与立筋平齐。如有门窗时，窗的上、下及门上应加横楞，其尺寸比门窗洞口大2～3 cm，并在钉隔墙时将门窗同时钉上。

(5)横撑加固

隔墙立筋不宜与横撑垂直，而应有一定的倾斜，以便楔紧和钉钉，因而横撑的长度应比立筋净空尺寸长10～15 mm，两端头按相反方向稍锯成斜面。

(6)罩面板安装

罩面板材用圆钉钉于立筋和横筋上，板边接缝处宜做成坡楞或留3～7 mm缝隙。纵缝应垂直，横缝应水平，相邻横缝应错开。不同板材的装钉方法有所不同。

1)石膏板安装。安装石膏板前，应对预埋隔断中的管道和附于墙内的设备采取局部加强措施。

石膏板宜竖向铺设，长边接缝宜落在竖向龙骨上。双面石膏罩面板安装，应与龙骨一侧的内外两层石膏板错缝排列，接缝不应落在同一根龙骨上。需要隔声、保温、防火的，应根据设计要求在龙骨一侧安装好石膏罩面板后，进行隔声、保温、防火等材料的填充。一般采用玻璃丝棉或30～100 mm岩棉板进行隔声、防火处理，采用50～100 mm苯板进行保温处理，然后再封闭另一侧的板。

石膏板应采用自攻螺钉固定。周边螺钉的间距不应大于200 mm，中间部分螺钉的间距不应大于300 mm，螺钉与板边缘的距离应为10～16 mm。

安装石膏板时，应从板的中部开始向板的四边固定。钉头略埋入板内，但不得损坏板面；钉眼应用石膏腻子抹平；钉头应做防锈处理。

石膏板应按框格尺寸裁割准确；就位时应与框格靠紧，但不得强压。

隔墙端部的石膏板与周围的墙或柱应留有 3 mm 的槽口。施铺罩面板时，应先在槽口处加注嵌缝膏，然后铺板并挤压嵌缝膏使面板与邻近表层接触紧密。

在丁字形或十字形相接处，如为阴角，应用腻子嵌满，贴上接缝带；如为阳角，应做护角。

2)胶合板和纤维(埃特板)板、人造木板安装。安装胶合板、人造木板的基体表面，需用油毡、釉质防潮时，应铺设平整，搭接严密，不得有皱折、裂缝和透孔等。

胶合板、人造木板采用直钉固定。如用钉子固定，钉距为 80～150 mm，钉帽应打扁并钉入板面 0.5～1 mm，钉眼用油性腻子抹平。胶合板、人造木板如涂刷清油等涂料时，相邻板面的木纹和颜色应近似。需要隔声、保温、防火的，应根据设计要求在龙骨安装好后，进行隔声、保温、防火等材料的填充。一般采用玻璃丝棉或 30～100 mm 岩棉板进行隔声、防火处理，采用 50～100 mm 苯板进行保温处理，然后再封闭罩面板。

墙面用胶合板、纤维板装饰时，阳角处宜做护角；硬质纤维板应用水浸透，自然阴干后安装。

胶合板、纤维板用木压条固定时，钉距不应大于 200 mm，钉帽应打扁，并钉入木压条 0.5～1 mm，钉眼用油性腻子抹平。

用胶合板、人造木板、纤维板作罩面时，应符合防火的有关规定，在湿度较大的房间，不得使用未经防水处理的胶合板和纤维板。

墙面安装胶合板时，阳角处应做护角，以防板边角损坏，并可增加装饰。

3)塑料板安装。塑料板安装方法，一般有黏结和钉接两种。

①黏结。聚氯乙烯塑料装饰板用胶黏剂黏结，可用聚氯乙烯胶黏剂(601 胶)或聚醋酸乙烯胶。用刮板或毛刷同时在墙面和塑料板背面涂刷，不得漏刷。涂胶后见胶液流动性显著消失，用手接

触胶层感到黏性较大时，即可黏结。黏结后应采用临时固定措施，同时将挤压在板缝中多余的胶液刮除，将板面擦净。

②钉接。安装塑料贴面板复合板应预先钻孔，再用木螺丝加垫圈紧固，也可用金属压条固定。木螺丝的钉距一般为 400～500 mm，排列应一致整齐。

加金属压条时，应拉横竖通线拉直，并应先用钉子将塑料贴面复合板临时固定，然后加盖金属压条，用垫圈找平固定。

4)铝合金装饰条板安装。用铝合金条板装饰墙面时，可用螺钉直接固定在结构层上，也可用锚固件悬挂或嵌卡的方法，将板固定在墙筋上。

【技能要点 3】轻钢龙骨隔断

(1)轻钢龙骨的组成及构造

1)轻钢龙骨的组成如图 2—42 和图 2—43 所示。

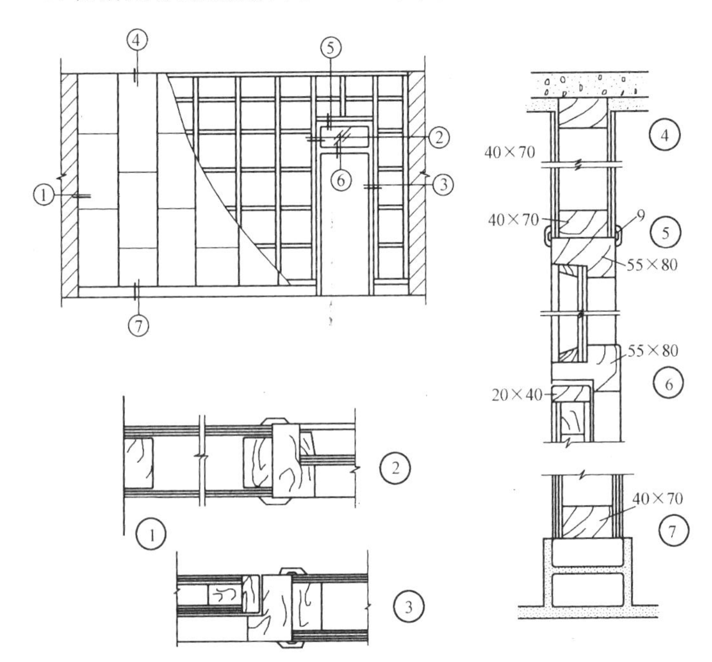

图 2—42 C75 系列龙骨主件和配件示意图

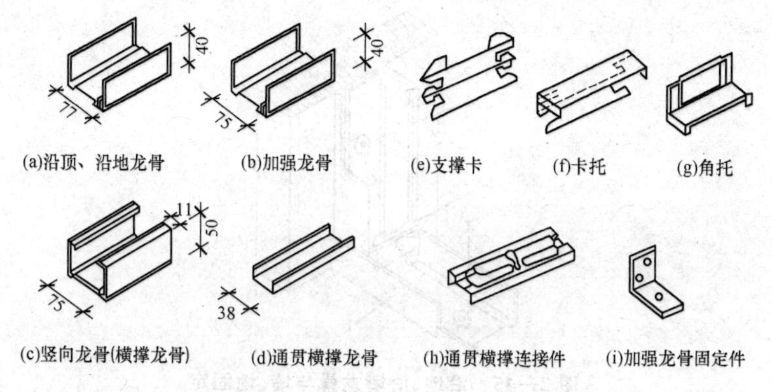

图 2—43　QC70 系列龙骨主件和配件示意图(单位:mm)

2)隔墙的单、双排龙骨构造如图 2—44 所示。

3)隔墙骨架构造由不同龙骨类型构成不同体系,可根据隔墙要求分别确定。

4)边框龙骨(沿地龙骨、沿顶龙骨和沿墙、沿柱龙骨)和主体结构固定,一般采用射钉法,即按中距小于 1 m 打入射钉与主体结构固定;也可采用电钻打孔打入胀锚螺栓或在主体结构上留预埋件的方法,如图 2—45 所示。

竖龙骨用拉铆钉与沿地、沿顶龙骨固定,如图 2—46 所示。

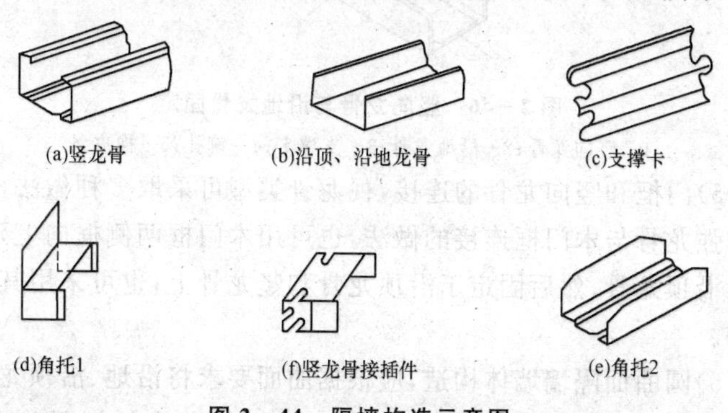

图 2—44　隔墙构造示意图

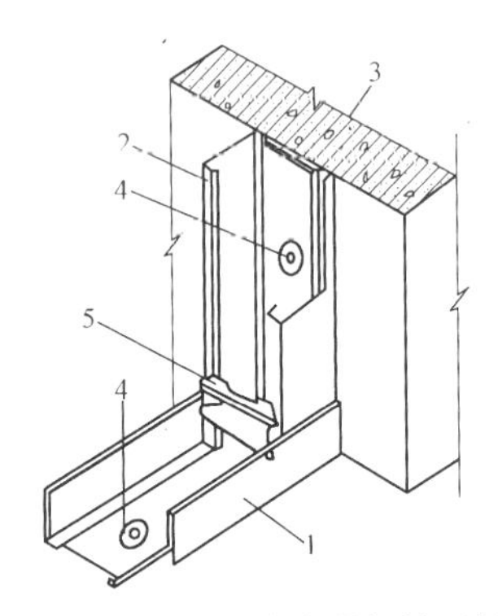

图 2—45　沿地、沿墙龙骨与墙、地固定

1—沿地龙骨；2—竖向龙骨；3—墙或柱；4—射钉及垫圈；5—支撑卡

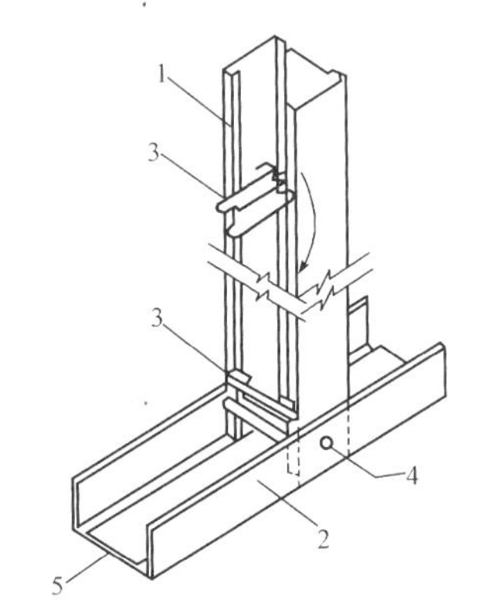

图 2—46　竖向龙骨与沿地龙骨固定

1—竖向龙骨；2—沿地龙骨；3—支撑卡；4—铆孔；5—橡皮条

5)门框和竖向龙骨的连接，视龙骨类型可采取多种做法，可采取加强龙骨与木门框连接的做法，也可用木门框两侧框向上延长，插入沿顶龙骨，然后固定于沿顶龙骨和竖龙骨上；也可采用其他固定法。

6)圆曲面隔墙墙体构造，应根据曲面要求将沿地、沿顶龙骨切锯成锯齿形，固定在顶面和地面上，然后按较小的间距(一般为150 mm)排立竖向龙骨，如图 2—47 所示。

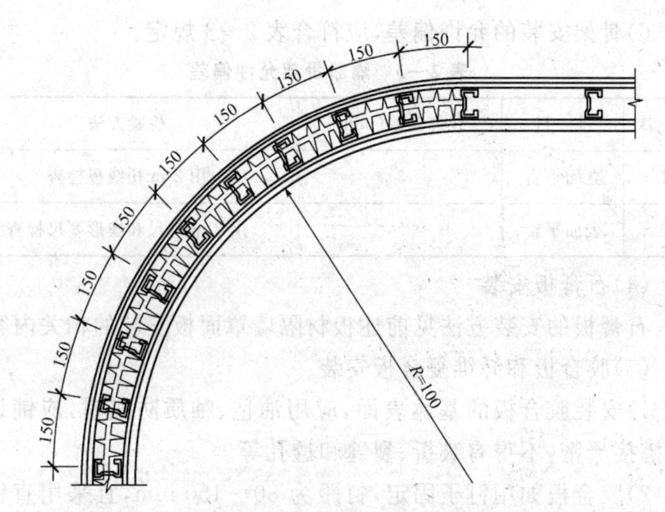

图 2—47 圆曲面隔墙龙骨构造示意图(单位:mm)

(2)弹线

在基体上弹出水平线和竖向垂直线,以控制隔断龙骨安装的位置、龙骨的平直度和固定点。

(3)隔断龙骨的安装

1)沿弹线位置固定沿顶和沿地龙骨,各自交接后的龙骨,应保持平直。固定点间距应不大于 1 000 mm,龙骨的端部必须固定牢固。边框龙骨与基体之间,应按设计要求安装密封条。

2)当选用支撑卡系列龙骨时,应先将支撑卡安装在竖向龙骨的开口上,卡距为 400～600 mm,距龙骨两端为 20～25 mm。

3)选用通贯系列龙骨时,高度低于 3 m 的隔墙安装一道,3～5 m的安装两道,5 m 以上的安装三道。

4)门窗或特殊节点处,应使用附加龙骨,加强其安装应符合设计要求。

5)隔断的下端如用木踢脚板覆盖,隔断的罩面板下端应离地面 20～30 mm;如用大理石、水磨石踢脚,罩面板下端应与踢脚板上口齐平,接缝要严密。

6)骨架安装的允许偏差,应符合表 2—3 规定。

表 2—3　隔断骨架允许偏差

项　次	项　目	允许偏差(mm)	检验方法
1	立面垂直	3	用 2 m 托线板检查
2	表面平整	2	用 2 m 直尺和楔形塞尺检查

(4)石膏板安装

石膏板的安装方法见前述板材隔墙罩面板安装的相关内容。

(5)胶合板和纤维复合板安装

1)安装胶合板的基体表面,应用油毡、釉质防潮时,应铺设平整,搭接严密,不得有皱折、裂缝和透孔等。

2)胶合板如用钉子固定,钉距为 80～150 mm,宜采用直钉或∩形钉固定。需要隔声、保温、防火的隔墙,应根据设计要求,在龙骨一侧安装好胶合板罩面板后,进行隔声、保温、防火等材料的填充。一般采用玻璃丝棉或 30～100 mm 岩棉板进行隔声、防火处理,采用 50～100 mm 苯板进行保温处理,然后再封闭另一侧的罩面板。

3)胶合板如涂刷清油等涂料时,相邻板面的木纹和颜色应近似。

4)墙面用胶合板、纤维板装饰时,阳角处宜做护角。

5)胶合板、纤维板用木压条固定时,钉距不应大于 200 mm,钉帽应打扁,并钉入木压条 0.5～1 mm,钉眼用油性腻子抹平。

6)用胶合板、纤维板作罩面时,应符合防火的有关规定。在湿度较大的房间,不得使用未经防水处理的胶合板和纤维板。

(6)塑料板罩面安装

塑料板的安装方法见前述板材隔墙罩面板安装的相关内容。

(7)铝合金装饰条板安装

用铝合金条板装饰墙面时,可用螺钉直接固定在结构层上,也可用锚固件悬挂或嵌卡的方法,将板固定在轻钢龙骨上,或将板固定在墙筋上。

(8)细部处理

墙面安装胶合板时，阳角处应做护角，以防板边角损坏，阳角的处理应采用刨光起线的木质压条，以增加装饰效果。

【技能要点4】玻璃隔墙

(1)弹线定位

按图纸尺寸在地面和上层楼板底面弹出隔墙位置线及立筋位置线，并在墙上引出垂直线。

(2)构件安装

按照板材隔墙的方法装钉上下槛及边立筋。

中立筋与横筋的安装，应考虑玻璃的大小，确定水平和垂直间距。装钉时要随时用直尺检查，保证横筋与立筋垂直。

(3)玻璃安装

安装玻璃前应先在框架方格内画好玻璃位置线，沿线外钉好一侧玻璃压条，塞入玻璃后将另一侧的压条压紧玻璃钉牢。为了美观，压条应45°割角交接，交圈严密，高低一致。

(4)下部人造板墙装钉

下部人造板墙的装钉方法同板材隔墙。下部若为板条隔墙，施工方法同板条隔墙；若为砖墙，下槛固定于墙内预埋木砖上。

第四节　室内装饰细部工程

【技能要点1】壁橱、吊柜安装工程

壁橱、吊柜安装方法见表2—4。

表2—4　壁橱、吊柜安装的方法

项　目	内　容
找线定位	抹灰前利用室内统一标高线，按设计施工图要求的壁橱、吊柜标高及上下口高度，考虑抹灰厚度的关系，确定相应的位置

续上表

项　目	内　容
壁橱、吊柜的框、架安装	壁橱、吊柜的框、架应在室内抹灰前进行，安装在正确位置后，两侧框固定点应钉两个钉子与墙体木砖钉牢，钉帽不得外露。若隔墙为轻质材料，应按设计要求固定方法固定牢固。如设计无要求，可预钻70～100 mm深、ϕ5 mm的孔，埋入木楔，其方法是将与孔相应大的木楔粘108胶水泥浆，打入孔内黏结牢固，用以钉固框。采用钢框时，需在安装洞口固定框的位置处预埋铁件，用来进行框件的焊固。在框架固定前应先校正、套方、吊直，核对标高、尺寸，位置准确无误后，进行固定
壁柜隔板支固点安装	按施工图隔板标高位置及支固点的构造要求，安设隔板的支固条、架、件。木隔板的支固点一般是将支固木条钉在墙体木砖上；混凝土隔板一般是型铁件或设置角钢支架
壁橱、吊柜扇的安装	(1)按扇的规格尺寸，确定五金的型号和规格，对开扇的裁口方向，一般应以开启方向的右扇为盖口扇。 (2)检查框口尺寸：框口高度应量上口两端；框口宽度，应量两侧框之间上、中、下三点，并在扇的相应部位定点划线。 (3)框扇修刨：根据划线对柜扇进行第一次修刨，使框扇间留缝合适，试装并划第二次修刨线，同时划出框、扇合页槽的位置，注意划线时避开上、下枸头。 (4)铲、剔合页槽进行合页安装：根据划定的合页位置，用扁铲凿出合页边线，即可剔合页槽。 (5)安装扇：安装时应将合页先压入扇的合页槽内，找正后拧好固定螺丝，进行试装，调好框扇间缝隙，修框上的合页槽，固定时框上每个合页先拧一个螺丝，然后关闭、检查框与扇的平整，无缺陷符合要求后，将全部螺丝装上拧紧。木螺丝应钉入全长1/3，拧入2/3，如框、扇为黄花松或其他硬木时，合页安装、螺丝安装应划位打眼，孔径为木螺丝直径的0.9倍，眼深为螺丝长度的2/3。 (6)安装对开扇：先将框扇尺寸量好，确定中间对口缝、裁口深度，划线后进行刨槽，试装合适时，先装左扇，后装盖扇

续上表

项　目	内　容
五金安装	五金的品种、规格、数量按设计要求选用，安装时注意位置的选择，无具体尺寸时，操作应按技术交底进行，一般应先安装样板，经确认后再大面积安装

【技能要点 2】窗帘盒、窗台板、暖气罩制作与安装

窗帘盒、窗台板、暖气罩制作与安装方法，见表 2—5。

表 2—5　窗帘盒、窗台板、暖气罩制作与安装方法

项　目	内　容
定位与划线	根据设计要求的窗下框标高、位置，划窗台板的标高、位置线，同时核对暖气罩的高度，并弹暖气罩的位置线，为使同房间或连通窗台板的标高和纵横位置一致，安装时应统一找平，使标高统一无差
检查预埋件	找位与划线后，检查窗台板、暖气罩安装位置的预埋件，是否符合设计与安装的连接构造要求，如有误差应进行修正
支架安装	构造上需要设窗台板支架的，安装前应核对固定支架的预埋件，确认标高、位置无误后，根据设计构造进行支架安装
窗台板安装	(1)木窗台板安装：在窗下墙面钉木砖处，横向钉梯形断面木条(窗宽大于 1 m 时，中间应以间距 500 mm 左右加钉横向梯形木条)，用以找平窗台板底线。窗台板宽度大于 150 mm 的，拼合板面底部横向应穿暗带。安装时应插入窗框下帽头的裁口，两端伸入窗口墙的尺寸应一致，保持水平，找正后用砸扁钉帽的钉子钉牢，钉帽冲入木窗台板面 2 mm。 (2)预制水泥窗台板、预制水磨石窗台板、石料窗台板安装：按设计要求找好位置，进行预装，标高、位置、出墙尺寸符合要求，接缝平顺严密，固定件无误后，按其构造的固定方式正式固定安装。 (3)金属窗台板安装：按设计构造要求，核对标高、位置、固定件后，先进行预装，经检查无误，再正式安装固定。金属窗台板安装好后，做防锈处理

续上表

项　目	内　容
暖气罩安装	在窗台板底面或地面上划好位置线，进行定位安装。分块板式暖气罩接缝应平、顺、直、齐，上下边棱高度、平度应一致，上边棱应位于窗台板外棱内

【技能要点 3】门窗套制作与安装

门窗套制作与安装方法，见表 2—6。

表 2—6　门窗套制作与安装方法

项　目	内　容
找位与划线	木门窗套安装前，应根据设计图要求，先找好标高、平面位置、竖向尺寸进行弹线
核查预埋件及洞口	弹线后检查预埋件、木砖是否符合设计及安装的要求，主要检查排列间距、尺寸、位置是否满足钉装龙骨的要求；测量门窗及其他洞口位置、尺寸是否方正垂直，与设计要求是否相符
铺、涂防潮层	设计有防潮要求的木门窗套，在钉装龙骨时应压铺防潮卷材，或在钉装龙骨前进行涂刷防潮层的施工
龙骨配制与安装	木门窗套龙骨：根据洞口实际尺寸，按设计规定骨架料断面规格，可将一侧木门窗套骨架分三片预制，洞顶一片、两侧各一片。每片一般为两根立杆，当筒子板宽度大于 500 mm，中间应适当增加立杆。横向龙骨间距不大于 400 mm；面板宽度为 500 mm 时，横向龙骨间距不大于 300 mm。龙骨必须与固定件钉装牢固，表面应刨平，安装后必须平、正、直。防腐剂配制与涂刷方法应符合有关规范的规定
钉装面板	(1)面板选色配纹：全部进场的面板材，使用前按同房间、临近部位的用量进行挑选，使安装后从观感上木纹、颜色近似一致。 (2)裁板配制：安龙骨排尺，在板上划线裁板，原木材板面应刨净；胶合板、贴面板的板面严禁刨光，小面皆须刮直。面板长向对接配制时，必须考虑接头位于横龙骨处。原木材的面板背面应做卸力槽，一般卸力槽间距为 100 mm，槽宽 10 mm，槽深 4～6 mm，以防板面扭曲变形。

续上表

项　目	内　容
钉装面板	(3)面板安装： 1)面板安装前，对龙骨位置、平直度、钉设牢固情况，防潮构造要求等进行检查，合格后进行安装。 2)面板配好后进行安装，面板尺寸、接缝、接头处构造完全合适，木纹方向、颜色的观感尚可的情况下，才能进行正式安装。 3)面板接头处应涂胶与龙骨钉牢，钉固面板的钉子规格应适宜，钉长约为面板厚度的2～2.5倍，钉距一般为100 mm，钉帽应砸扁，并用尖冲子将钉帽顺木纹万向冲入面板表面下1～2 mm。 4)钉贴脸：贴脸料应进行挑选，花纹、颜色应与框料、面板近似。贴脸规格尺寸、宽窄、厚度应一致，接槎应顺平无错槎

【技能要点4】护栏和扶手制作与安装

护栏和扶手制作与安装方法，见表2—7。

表2—7　护栏和扶手制作与安装方法

项　目	内　容
找位与画线	(1)安装扶手的固定件：位置、标高、坡度找位校正后，弹出扶手纵向中心线。 (2)按设计扶手构造，根据折弯位置、角度，划出折弯或割角线。 (3)楼梯栏板和栏杆顶面，划出扶手直线段与弯头、折弯段的起点和终点的位置
弯头配制	(1)按栏板或栏杆顶面的斜度，配好起步弯头，一般木扶手，可用扶手料割配弯头，采用割角对缝粘接，在断块割配区段内最少要考虑3个螺钉与固定件连接固定。大于70 mm断面的扶手接头配制后，除黏结外，还应在下面做暗榫或用铁件铆固。 (2)整体弯头制作：先做足尺大样的样板，并与现场划线核对后，在弯头料上按样板划线，制成雏型毛料(毛料尺寸一般大于设计尺寸约10 mm)。按划线位置预装，与纵向直线扶手端头黏结，制作的弯头下面刻槽，与栏杆扁钢或固定件紧贴结合

续上表

项　目	内　容
连接预装	预制木扶手须经预装，预装木扶手由下往上进行，先预装起步弯头及连接第一跑扶手的折弯弯头，再配上下折弯之间的直线扶手料，进行分段预装黏结，黏结时操作环境温度不得低于 5 ℃
固定	分段预装检查无误后，扶手与栏杆(栏板)上固定件用木螺丝拧紧固定，固定间距控制在 400 mm 以内，操作时应在固定点处，先将扶手料钻孔，再将木螺丝拧入，不得用锤子直接打入，螺帽达到平正
整修	扶手折弯处如有不平顺，应用细木锉锉平，找顺磨光，使其折角线清晰。坡角合适，弯曲自然、断面一致，最后用木砂纸打光

【技能要点 5】花饰安装工程

花饰安装工程安装方法，见表 2—8。

表 2—8　花饰安装工程安装方法

项　目		内　容
预制花饰安装	基层处理与弹线	(1)安装花饰的基体或基层表面应清理洁净、平整，要保证无灰尘、杂物及凹凸不平等现象。如遇有平整度误差过大的基面，可用手持电动机具打磨或用砂纸磨平。 (2)按照设计要求的位置和尺寸，结合花饰图案，在墙、柱或顶棚上进行实测并弹出中心线、分格线或相关的安装尺寸控制线。 (3)凡是采用木螺钉和螺栓进行固定的花饰，如体积较大的重型的水泥砂浆、水刷石、剁斧石、木质浮雕、玻璃钢、石膏及金属花饰等，应配合土建施工，事先在基体内预埋木砖、铁件或是预留孔洞。如果是预留孔洞，其孔径一般应比螺栓等紧固件的直径大出 12～16 mm，以便安装时进行填充作业，孔洞形状宜呈底部大口部小的锥形孔。弹线后，必须复核预埋件及预留孔洞的数量、位置和间距尺寸；检查预埋件是否埋设牢固；预埋件与基层表面是否突出或内陷过多。同时要清除预埋铁件的锈迹，不论木砖或铁件，均应经防腐、防锈处理。 (4)在基层处理妥当后并经实测定位，一般即可正式安装花饰。但如若花饰造型复杂，其分块安装或图案拼镶要求较高并具有一定难度时，必须按照设计及花饰制品的图案要求，并结合建筑部位的实际尺寸，进行预安装。预安装的效果经有关方面检查合格后，将饰件编号并

续上表

项目		内容
预制花饰安装	基层处理与弹线	顺序堆放。对于较复杂的花饰图案在较重要的部位安装时，宜绘制大样图，施工时将单体饰件对号排布，要保证准确无误。 (5)在抹灰面上安装花饰时，应待抹灰层硬化固结后进行。安装镶贴花饰前，要浇水润湿基层。但如采用胶合剂粘贴花饰时，应根据所采用的胶黏剂使用要求确定基层处理方法
	安装方法及工艺	(1)水泥砂浆花饰和水泥水刷石花饰，使用水泥砂浆或聚合物水泥砂浆粘贴。 (2)石膏花饰宜用石膏灰或水泥浆粘贴。 (3)木制花饰和塑料花饰可用胶黏剂粘贴，也可用钉固的方法。 (4)金属花饰宜用螺丝固定，根据构造可选用焊接安装。 (5)预制混凝土花格或浮面花饰制品，应用 1∶2 水泥砂浆砌筑，拼块的相互间用钢销子系固，并与结构连接牢固
	螺钉固定法	(1)在基层薄刮水泥砂浆一道，厚度 2～3 mm。 (2)水泥砂浆花饰或水刷石等类花饰的背面，用水稍加湿润，然后涂抹水泥砂浆或聚合物水泥砂浆，即将其与基层紧密贴敷。在镶贴时，注意把花饰上的预留孔眼对准预埋的木砖，然后拧上铜质、不锈钢或镀锌螺钉，要松紧适度。安装后用 1∶1 水泥砂浆或水泥素浆将螺钉孔眼及花饰与基层之间的缝隙嵌填密实，表面再用与花饰相同颜色的彩色(或单色)水泥浆或水泥砂浆修补至不留痕迹。修整时，应清除接缝周边的余浆，最后打磨光滑洁净。 (3)石膏花饰的安装方法与上述相同，但其与基层的黏结宜采用石膏灰、黏结石膏材料或白水泥浆；堵塞螺钉孔及嵌补缝隙等修整修饰处理也宜采用石膏灰、嵌缝石膏腻子。用木螺钉固定时不应拧得过紧，以防止损伤石膏花饰。 (4)对于钢丝网结构的吊顶或墙、柱体，其花饰的安装，除按上述做法外，对于较重型的花饰应事先预设铜丝，安装时将其预设的铜丝与骨架主龙骨绑扎牢固
	螺栓固定法	(1)通过花饰上的预留孔，把花饰穿在建筑基体的预埋螺栓上。如不设预埋，也可采用胀铆螺栓。

续上表

项目		内容
预制花饰安装	螺栓固定法	(2)采用螺栓固定花饰的做法中，一般要求花饰与基层之间应保持一定间隙，而不是将花饰背面紧贴基层，通常要留有 30～50 mm 的缝隙，以便灌浆。这种间隙灌浆的控制方法是在花饰与基层之间放置相应厚度的垫块，然后拧紧螺母。设置垫块时应考虑支模灌浆方便，避免产生空鼓。花饰安装时，应认真检查花饰图案的完整和平直、端正，合格后，如果花饰的面积较大或安装高度较高时，还要采取临时支撑稳固措施。 (3)花饰临时固定后，用石膏将底线和两侧的缝隙堵住，即用 1∶(2～2.5)水泥砂浆(稠度为 8～12 cm)分层灌注。每次灌浆高度约为 10 cm，待其初凝后再继续灌注。在建筑立面上按照图案组合的单元，自下而上依次安装、固定和灌浆。 (4)待水泥砂浆具有足够强度后，即可拆除临时支撑和模板。此时，还须将灌浆前堵缝的石膏清理掉，而后沿花饰图案周边用 1∶1 水泥砂浆将缝隙填塞饱满和平整，外表面采用与花饰相同颜色的砂浆嵌补，并保证不留痕迹。 (5)上述采用螺栓安装并加以灌浆稳固的花饰工程，主要是针对体积较大较重型的水泥砂浆花饰、水刷石及剁斧石等花饰的墙面安装工程。对于较轻型的石膏花饰或玻璃钢花饰等采用螺栓安装时，一般不采用灌浆做法，将其用黏结材料粘贴到位后，拧紧螺栓螺母即可
	胶合剂粘贴法	较小型、轻型细部花饰，多采用粘贴法安装。有时根据施工部位或使用要求，在以胶合剂镶贴的同时再辅以其他固定方法，以保证安装质量及使用安全，这是花饰工程应用最普遍的安装施工方法。粘贴花饰用的胶合剂，应按花饰的材质品种选用。对于现场自行配制的黏结材料，其配合比应由试验确定。 目前成品胶合剂种类繁多，如前述环氧树脂类胶合剂，可适用混凝土、玻璃、砖石、陶瓷、木材、金属等花饰及其基层的粘贴；聚异氰酸酯胶合剂及白乳胶，可用于塑料、木质花饰与水泥类基层的黏结；氯丁橡胶类的胶合剂也可用于多种材质花饰的粘贴。此外还有通用型的建筑胶合剂，如 W—I、D 型建筑胶合剂、建筑多用胶合剂等。选择时应明确所用胶合剂的性能特点，按使用说明制备。花饰粘贴时，有的须采取临时支撑稳定措施，尤其是对于初粘强度不高的胶合剂，应防止其

续上表

项 目		内 容
预制花饰安装	胶合剂粘贴法	位移或坠落。以普通砖块组成各种图案的花格墙，砌筑方法与前述砖墙体基本相同，一般采用坐浆法砌筑。砌筑前先将尺寸分配好，使排砖图案均匀对称。砌筑宜采用1∶2或1∶3的水泥砂浆，操作中灰缝要控制均匀，灰浆饱满密实，砖块安放要平正，搭接长度要一致。 砌筑完成后要划缝、清扫，最后进行勾缝。拼砖花饰墙图案多样，可根据构思进行创新，以丰富民间风格的花墙艺术形式
	焊接固定法安装	大、重型金属花饰采用焊接固定法安装。根据设计构造，采用临时固挂的方法后，按设计要求先找正位置，焊接点应受力均匀，焊接质量应满足设计及有关规范的要求
石膏花饰安装		(1)按石膏花饰的型号、尺寸和安装位置，在每块石膏花饰的边缘抹好石膏腻子，然后平稳地支顶于楼板下。安装时，紧贴龙骨并用竹片或木片临时支住并加以固定，随后用镀锌木螺丝拧住固定，不宜拧得过紧，以防石膏花饰损坏。 (2)视石膏腻子的凝结时间而决定拆除支架的时间，一般以12 h拆除为宜。 (3)拆除支架后，用石膏腻子将两块相邻花饰的缝填满抹平，待凝固后打磨平整。螺丝拧的孔，应用白水泥浆填嵌密实，螺钉孔用石膏修平。 (4)花饰的安装，应与预埋在结构中的锚固件连接牢固。薄浮雕和高凸浮雕安装宜与镶贴饰面板、饰面砖同时进行。 (5)在抹灰面上安装花饰，应待抹灰层硬化后进行。安装时应防止灰浆流坠污染墙面。 (6)花饰安装后，不得有歪斜、装反和镶接处的花枝、花叶、花瓣错乱、花面不清等现象
水泥花格安装	单一或多种构件拼装	(1)预排。先在拟定装花格部位，按构件排列形状和尺寸标定位置，然后用构件进行预排调缝。 (2)拉线。调整好构件的位置后，在横向拉画线，画线应用水平尺和线锤找平找直，以保证安装后构件位置准确，表面平整，不致出现前后错动、缝隙不均等现象。

续上表

项　目		内　容
水泥花格安装	单一或多种构件拼装	(3)拼装。从下而上地将构件拼装在一起，拼装缝用1：2～1：2.5水泥砂浆砌筑。构件相互之间连接是在两构件的预留孔内插入ϕ6 mm钢筋销子系固，然后用水泥砂浆灌实。拼砌的花格饰件四周，应用锚固件与墙、柱或梁连接牢固。 (4)刷面。拼装后的花格应刷各种涂料。水磨石花格因在制作时已用彩色石子或颜料调出装饰色，可不必刷涂。如需要刷涂时，刷涂方法同墙面
	竖向混凝土组装花格	(1)埋件留槽。竖向板与上下墙体或梁连接时，在上下连接点，要根据竖板间隔尺寸埋入预埋件或留凹槽。若竖向板间插入花饰，板上也应埋件或留槽。 (2)立板连接。在拟安板部位将板立起，用线锤吊直，并与墙、梁上埋件或凹槽连在一起，连接节点可采用焊、拧等方法。 (3)安装花格。竖板中加花格也采用焊、拧和插入凹槽的方法。焊接花格可在竖板立完固定后进行，插入凹槽的安装应与装竖板同时进行
水泥石渣花饰安装	小型花饰	(1)花饰背面稍浸水，涂上水泥砂浆。 (2)基层上刮一层2～3 mm的水泥砂浆。 (3)花饰上的预留孔对准预埋木砖，用镀锌螺钉固定。 (4)用水泥砂浆堵螺纹孔，并用与花饰相同的材料修补。 (5)砂浆凝固后，清扫干净
	大尺寸花饰	(1)让埋在基层上的螺栓穿入花饰预留孔。 (2)花饰与基层之间放置垫块，按设计要求保持一定间隙，以便灌浆。 (3)拧紧螺母，对重量大、安装位置高的花饰搭设临时支架予以固定。 (4)花饰底线和两侧缝隙用石膏堵严，用1：2的水泥砂浆分层灌实。 (5)砂浆凝固后拆除临时支架，清理堵缝石膏。 (6)用1：1水泥砂浆嵌实螺栓孔和周边缝隙，并用与花饰相同颜色的材料修整。 (7)待砂浆凝固后，清扫干净

续上表

项　目	内　容
塑料、纸质花饰安装	(1)根据花饰的材料与基层的特点,选配黏结剂,通常可用聚醋酸乙烯酯或聚异氰酸酯为基础的黏结剂。 (2)用所选的黏结剂试粘贴,强度和外观均满足要求后方可正式粘贴。 (3)花饰背面均匀刷胶,待表面稍干后贴在基层上,并用力压实。 (4)花饰按弹线位置就位后,及时擦拭挤出边缘的余胶。 (5)安装完毕后,用塑料薄膜覆盖保护,防止表面污染

第三章　装饰装修木工安全操作

第一节　装饰装修木工安全操作技术

【技能要点】装饰装修木工安全操作技术

(1)严格遵守安全规章制度,确保安全生产。

(2)施工人员进入施工现场必须经三级安全教育,即施工单位专职安全人员对施工人员进行的安全教育,施工队对工人进行的施工现场安全教育,班组针对本工种进行操作项目的安全教育。特别是新工人必须经过安全教育并经考核合格后方可上岗。

(3)参加施工人员,要熟知本工种的安全技术操作规程,在操作过程中要坚守工作岗位,严格遵守操作规程。

(4)施工区域条件不一,作业环境不同,电气设备多,机械、材料多,杂物多,每个人要正确使用好个人安全防护用品,严禁赤脚、穿拖鞋或带钉的鞋进入操作岗位。

(5)进入施工区域的人员必须戴安全帽,高处作业者要正确系好安全带。

(6)施工区域内的一切安全设施不得擅自拆改。

(7)进入施工区域,非本工种人员禁止乱摸、乱动各种机械电器设备,不得在起重机械吊物下停留,不得钻到车辆下休息。

(8)禁止在楼层卸料平台处把头伸入井架内或在外用电梯楼层平台处张望。

(9)注意建筑物内的各种孔洞,特别要注意"四口"(通道口、预留洞口、楼梯口、电梯井口)的防护,上脚手架注意探头板及周边防护,不得冒险跨越。

(10)高处作业时,严禁向下扔任何物体,上下建筑物要走斜道,不得往下蹦跳。无可靠防护,在 2 m 以上高处、悬崖和陡坡作业时,要系好安全带。

(11)进入施工区域严禁打闹,吸烟到吸烟室,用火要办用火证,严禁酒后上岗操作。

(12)特种作业人员,必须持证上岗。

(13)从事高处作业人员要定期身体检查。凡患有高血压、心脏病、贫血症、癫痫病以及其他不适于高处作业的人员,不得从事高处作业。

(14)高处作业人员应穿紧身工作服,即袖口、下摆、中腰有调节的钮扣和腰带,裤脚应裹紧,以防止在行走中刮碰,造成身体失去平衡,发生坠落事故。

(15)电气设备必须接零、接地,手持电动工具要设置漏电掉闸装置。

(16)乙炔发生器和氧气瓶的安全附件,都要齐全有效,并保持安全距离。

(17)各种施工机械要完好,不准"带病"运转,不准超负荷使用,机械设备的危险部位,要有安全防护装置,并定期检查。

(18)搭设脚手架、井字架、挑架等,所用材料和搭设方法必须符合安全要求;搭设完毕要经过施工负责人验收,合格后方能使用。

(19)架设临时电线必须符合当地电业局的规定,线路必须绝缘良好,电动机械要做到一机一闸,遇有临时停电或停工时,要拉闸断电。

(20)高处作业时所用的物料,均应堆放平稳,不妨碍通行和装卸。工具应随手放入工具袋。作业中的走道、通道板和登高用具,应随时清扫干净。拆卸下的物件及余料和废料均应及时清理运走,不得任意乱置或向下丢弃。传递物件严禁抛掷。

(21)雨天和雪天进行高处作业时,必须采取可靠的防滑、防寒和防冻措施。凡有冰、霜、雪均应及时清除。

(22)因工发生事故,应及时报告上级。

第二节　木结构的防火

【技能要点 1】防火要求

木结构采用的建筑材料，其燃烧性能的技术指标应符合《建筑材料难燃性试验方法》(GB/T 8625—2005)的规定。

房间内的墙面、吊顶、采光窗、地板等所采用的材料，其防火性能均应不低于难燃性 B1 级。

管道及包覆材料或内衬：

(1)管道内的流体能够造成管道外壁温度达到 120℃ 及其以上时，管道及其包覆材料或内衬以及施工时使用的胶黏剂必须是不燃材料。

(2)外壁温度低于 120℃ 的管道及其包覆材料或内衬，其防火性能应不低于难燃性 B1 级。

建筑中的各种构件或空间需填充吸音、隔热、保温材料时，这些材料的防火性能应不低于难燃性 B1 级。

【技能要点 2】木结构防火间距

(1)木结构建筑之间、木结构建筑与其他耐火等级的建筑之间的防火间距不应小于表 3—1 的规定。

表 3—1　木结构建筑的防火间距(单位：m)

建筑种类	一、二级建筑	三级建筑	木结构建筑	四级建筑
木结构建筑	8.00	9.00	10.00	11.00

注：防火间距应按相邻建筑外墙的最近距离计算，当外墙有突出的可燃构件时，应从突出部分的外缘算起。

(2)两座木结构建筑之间、木结构建筑与其他结构建筑之间的外墙均无任何门窗洞口时，其防火间距不应小于 4.00 m。

(3)两座木结构之间、木结构建筑与其他耐火等级的建筑之间，外墙的门窗洞口面积之和不超过该外墙面积的 10%时，其防火间距不应小于表 3—2 的规定。

表 3—2　外墙开口率小于 10%时的防火间距(单位:m)

建筑种类	一、二、三级建筑	木结构建筑	四级建筑
木结构建筑	5.00	6.00	7.00

【技能要点 3】木结构建筑防火限值

木结构建筑不应超过三层。不同层数建筑最大允许长度和防火分区面积不应超过表 3—3 的规定。

表 3—3　木结构建筑的层数、长度和面积

层　数	最大允许长度(m)	每层最大允许面积(m^2)
单　层	100	1 200
两　层	80	900
三　层	60	600

注:安装有自动喷水灭火系统的木结构建筑,每层楼最大允许长度、面积应在表 3—3 的基础上扩大一倍,局部设置时,应按局部面积计算。

第三节　木结构的防腐

【技能要点 1】木结构防腐、防虫的措施

(1)木结构中的下列部位应采取防潮和通风措施。

1)在桁架和大梁的支座下应设置防潮层。

2)在木柱下应设置柱墩,严禁将木柱直接埋入土中。

3)桁架、大梁的支座节点或其他承重木构件不得封闭在墙、保温层或通风不良的环境中。

4)处于房屋隐蔽部分的木结构,应设通风孔洞。

5)露天结构在构造上应避免任何部分有积水的可能,并应在构件之间留有空隙(连接部位除外)。

6)当室内外温差很大时,房屋的围护结构(包括保温吊顶),应采取有效的保温和隔气措施。

(2)木结构构造上的防腐、防虫措施,除应在设计图纸中加以说明外,应要求在施工的有关工序交接时,检查其施工质量,如发现有问题应立即纠正。

(3)下列情况，除从结构上采取通风防潮措施外。应进行药剂处理。

1)露天结构。

2)内排水桁架的支座节点处。

3)檩条、搁栅、柱等木构件直接与砌体、混凝土接触部位。

4)白蚁容易繁殖的潮湿环境中使用的木构件。

5)承重结构中使用马尾松、云南松、湿地松、桦木以及新利用树种中易腐朽或易遭虫害的木材。

(4)常用的药剂配方及处理方法，可按现行国家标准《木结构工程施工质量验收规范》(GB 50209－2002)的规定采用。

(5)以防腐、防虫药剂处理木构件时，应按设计指定的药剂成分、配方及处理方法采用。受条件限制而需改变药剂或处理方法时，应征得设计单位同意。在任何情况下，均不得使用未经鉴定合格的药剂。

(6)木构件(包括胶合木构件)的机械加工应在药剂处理前进行。木构件经防腐防虫处理后，应避免重新切割或钻孔。由于技术上的原因，确有必要作局部修整时，必须对木材暴露的表面，涂刷足够的同品牌药剂。

(7)木结构的防腐、防虫采用药剂加压处理时，该药剂在木材中的保持量和透入度应达到设计文件规定的要求。设计未作规定时，则应符合现行国家标准《木结构工程施工质量验收规范》(GB 50209－2002)规定的最低要求。

(8)在使用药剂处理木构件的前后，应作下列检查和施工记录。

1)木构件处理前的含水率及木材表面清理的情况。

2)药剂出厂的质量合格证明或检验记录。

3)药剂调制时间、溶解情况及用完时间。

4)药液透入木材的深度和均匀性。

5)木材每单位体积(对涂刷法以每单位面积计)吸收的药量。

【技能要点 2】木结构防潮、通风的措施

(1)在桁架和大梁的支座下应设置防潮层。

(2)在木柱下应设置柱墩,严禁将木柱直接埋入土中。

(3)桁架、大梁的支座节点或其他承重木构件不得封闭在墙、保温层或通风不良的环境中,如图 3—1、图 3—2 所示。

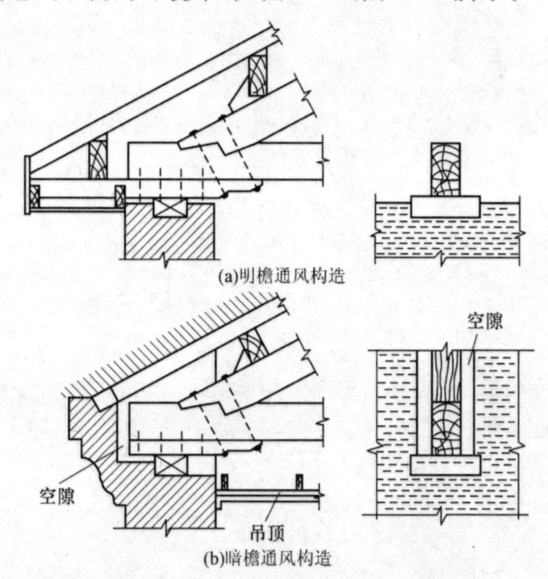

(a)明檐通风构造

(b)暗檐通风构造

图 3—1　外排水屋盖支座节点通风构造示意图

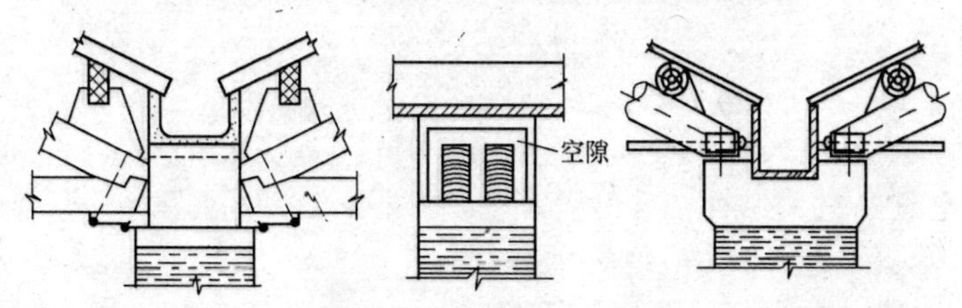

(a)内排水人字架屋盖通风构造　(b)内排水檩椽木屋盖通风构造

图 3—2　内排水屋盖支座节点通风构造示意图

(4)处于房屋隐蔽部分的木结构,应设通风孔洞。

(5)露天结构在构造上应避免任何部分有积水的可能,并应在构件之间留有空隙(连接部位除外)。

(6)当室内外温差很大时,房屋的围护结构(包括保温吊顶),应采取有效的保温和隔气措施。

(7)木结构构造上的防腐、防虫措施,除应在设计图纸中加以说明外,尚应要求在施工的有关工序交接时,检查其施工质量,如发现有问题应立即纠正。

参考文献

[1] 王寿华,王比君.木工手册[M].北京:中国建筑工业出版社,2005.

[2] 饶勃.装饰工手册[M].北京:中国建筑工业出版社,2005.

[3] 中国建筑装饰协会培训中心.建筑装饰装修木工(初级工　中级工)[M].北京:中国建筑工业出版社,2003.

[4] 建设部人事教育司.木工[M].北京:中国建筑工业出版社,2002.

[5] 北京土木建筑学会.建筑工人实用技术便携手册—装饰装修工[M].北京:中国计划出版社,2006.

[6] 北京土木建筑学会.建筑工程技术交底记录[M].北京:经济科学出版社,2005.